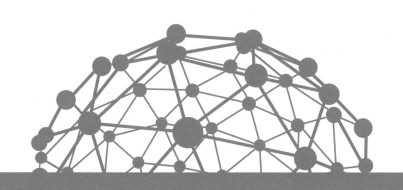

计算机应用基础
实训指导

（Windows 10，Office 2016）

高万萍 唐自君 王德俊 编著

清华大学出版社

北京

内 容 简 介

本书是《计算机应用基础教程(Windows 10，Office 2016)》(高万萍、王德俊编著)的配套实验指导教材，主要包括 Windows 10 操作系统及其应用、Word 2016 文字编辑、Excel 2016 电子表格、PowerPoint 2016 电子演示文稿、Internet 的应用、计算机多媒体技术等方面的实验内容。

本书中包含的教学内容全面，设计的实操案例切合实际。实验内容均按知识点分类设计，每个知识点都配有相应的操作练习，方便学生按知识点进行单项练习。为了提高学生的计算机综合应用能力，每章还备有大量的综合操作练习题。本书所有操作题目均有详细的操作步骤，并提供所有操作素材和结果文件。

本书不仅可以与《计算机应用基础教程(Windows 10，Office 2016)》一书配套使用，也可以作为计算机应用基础课程通用的实验指导教材。

本书配套的电子课件、案例素材、习题和短视频等学习资源均可在清华大学出版社官网 http://www.tup.com.cn 下载。

图书在版编目(CIP)数据

计算机应用基础实训指导：Windows 10，Office 2016/高万萍，唐自君，王德俊编著.—北京：清华大学出版社，2019(2024.8 重印)

ISBN 978-7-302-52825-8

Ⅰ. ①计…　Ⅱ. ①高…②唐…③王…　Ⅲ. ①Windows 操作系统—教材 ②办公自动化—应用软件—教材　Ⅳ. ①TP3

中国版本图书馆 CIP 数据核字(2019)第 082680 号

责任编辑：袁勤勇　杨　枫
封面设计：常雪影
责任校对：焦丽丽
责任印制：宋　林

出版发行：清华大学出版社
　　　　网　　　址：https://www.tup.com.cn，https://www.wqxuetang.com
　　　　地　　　址：北京清华大学学研大厦 A 座　　　　邮　　编：100084
　　　　社 总 机：010-83470000　　　　　　　　　　邮　　购：010-83470235
　　　　投稿与读者服务：010-62776969，c-service@tup.tsinghua.edu.cn
　　　　质量反馈：010-62772015，zhiliang@tup.tsinghua.edu.cn
　　　　课件下载：https://www.tup.com.cn，010-83470236
印　装　者：涿州市般润文化传播有限公司
经　　销：全国新华书店
开　　本：185mm×260mm　　　　印　张：7.25　　　　字　　数：171 千字
版　　次：2019 年 9 月第 1 版　　　　　　　　　　印　　次：2024 年 8 月第 4 次印刷
定　　价：35.00 元

产品编号：082542-02

前言

为了适应新工科背景下高等教育人才培养的目标，顺应计算机技术发展趋势，以培养计算机思维能力为导向的计算机基础教育的教学内容、教学形式、教学手段的教学改革在高等教育领域中不断深入。特别是 2012 年大规模在线开放课程 MOOC 作为一种新型在线教育模式以超越国界爆炸式的速度迅猛发展，给互联网产业、在线学习及高等教育带来了巨大影响。

基于 MOOC 的网络教学资源的建设推动了线上线下混合学习模式的开展。混合式教学提供了一种全新的不同于单纯网络数字化教学或传统讲授式教学的知识传播模式和学习方法，把传统面对面学习方式的优势和 E-Learning（即数字化或网络化学习）的优势结合起来，既能发挥教师引导、启发、监控教学过程的主导作用，又充分体现学生作为学习过程主体的主动性、积极性与创造性。混合学习模式成为高等教育教学改革一个重要的发展趋势。

教材改革是教学改革中的一个重要环节，研究基于 MOOC 的混合学习方式下的立体化教材改革方案，探索建设适合大规模开放学习的计算机基础课程立体化教材，开发数字资源，成为计算机基础教学改革的重要方面。

上海交通大学继续教育学院自 2000 年成立以来，利用自身的科研优势，一直坚持面授和网络相结合的混合教学模式，本套教材参编人员均在上海交通大学长期从事在线教育教学及研究工作，一直负责计算机基础课程教学及课程资源建设，在开发计算机基础教材和数字资源建设中积累了丰富的经验。在长期的混合式教学实践中，针对 MOOC 在线学习特点，顺应计算机技术的发展，建设了丰富的计算机基础课程系列教材和立体化数字资源，编写了计算机应用基础系列教材《计算机应用基础教程（Windows XP，Office 2003）》和《计算机应用基础教程（Windows 7，Office 2010）》。为了更好地配合任课教师在实验环节上的教学，加强学生计算机应用能力和计算机综合能力的训练，还编写了配套教材《计算机应用基础实训指导（Windows XP，Office 2003）》和《计算机应用基础实训指导（Windows 7，Office 2010）》，并建设了与教材配套的题库、教学短视频、应用案例等丰富的数字化教学资源。经过多届学生的使用，反映良好，教学效果非常显著，在全国网络教育"计算机应用基础"课程统一考试中，上海交通大学历次考试成绩均居全国榜首。

目前人工智能、智能制造、互联网＋、云计算、大数据等新技术发展迅猛，操作系统和Office办公软件主流版本 Windows 10 及 Office 2016 已普遍使用，为保证教材内容的先进性，计算机基础教材内容的更新势在必行。按照"加强基础、提高能力、重在应用"的原则，结合近年来教材使用的实际情况，调整教材结构和内容，对本套教材进行了再次改版及修订，编写了《计算机应用基础教程(Windows 10,Office 2016)》及与之配套的《计算机应用基础实训指导(Windows 10,Office 2016)》，并建设了与之配套的大量数字资源。

本书包含的教学内容全面，设计的实操案例切合实际。实验内容均按知识点分类组织，每个知识点都配有相应的操作练习及详细的操作步骤，学生可以根据自身基础和学习难点自主选择题目进行有针对性的上机练习。

本书包含 Windows 10 操作系统、Word 2016 文字编辑、Excel 2016 电子表格、PowerPoint 2016 电子演示文稿、Internet 的应用和计算机多媒体技术。注重培养学生的动手能力和计算机应用能力，使学生能够熟练掌握 Windows 操作系统、常用办公软件和Internet 应用的主要技能。

编 者
2019 年 1 月

目录

第1章

Windows 操作系统及其应用

1.1　Windows 的基本知识

【实验目的】

- 掌握文件和文件夹的建立方法。
- 掌握文件和文件夹的属性设置方法。
- 掌握文件和文件夹的搜索方法。

【实验内容及案例】

1. 文件和文件夹的建立

1）实验内容

（1）在 D 盘根目录下建立"计算机基础练习"文件夹，在此文件夹下建立"文字"和"图片"两个子文件夹。

（2）在"文字"文件夹下建立一个名为"文化考试"的文本文件。

（3）在该文本文件中输入一段文字，内容为"计算机文化考试注意事项"。

2）操作步骤

（1）单击"开始"菜单，选择所有程序列表里的"Windows 系统"下的"此电脑"命令，或者双击桌面上的"此电脑"图标。

（2）在打开的"此电脑"窗口中选中逻辑盘 D 并打开（双击逻辑盘 D 的盘符）。

（3）在右边窗口工作区的空白区右击鼠标，在打开的快捷菜单中选择"新建"→"文件夹"命令，并输入文件夹的名字"计算机基础练习"。

（4）双击刚刚建立的"计算机基础练习"文件夹，进入该文件夹窗口，用同样的操作建立"文字"和"图片"文件夹。

（5）双击"文字"文件夹，进入该文件夹窗口，在右边窗口工作区的空白区右击鼠标，在弹出的快捷菜单中选择"新建"→"文本文档"命令,并输入文本文件的名字"文化考试"(注意:如果当前窗口设置为"不隐藏已知文件的扩展名",则输入文件的名字后面不要将系统自动加上的扩展名.txt删除)。

(6) 双击新建的文档,输入文字"计算机文化考试注意事项",选择菜单"文件"→"保存"命令,并选择菜单"文件"→"退出"命令。

2. 文件和文件夹的属性设置

1) 实验内容

(1) 在以上操作的基础上,设置"图片"文件夹的属性为隐藏。
(2) 设置"文字"文件夹下的"文化考试"文件为只读文件。

2) 操作步骤

(1) 选中"图片"文件夹,右击该文件夹,在打开的快捷菜单中选择"属性"命令,打开相应的对话框。
(2) 在"属性"对话框的"常规"选项卡中,选中"隐藏"复选框,单击"确定"按钮。
(4) 打开"文字"文件夹,选中"文化考试"文件,右击该文件,在打开的快捷菜单中选择"属性"命令,打开相应的对话框。
(5) 在对话框的"常规"选项卡中,选中"只读"复选框,并单击"确定"按钮。

3. 文件和文件夹的搜索

1) 实验内容

(1) 在计算机中搜索文件名中包含字符串 window 的文件和文件夹。
(2) 在计算机 D 盘中,搜索修改日期在当天,文件名包含"考试",文件大小不超过10KB 的文本文件。
(3) 把搜索结果保存到桌面,文件名为 find。

2) 操作步骤

(1) 右击"开始"菜单,选择"文件资源管理器",选中导航窗格中的"此电脑",在搜索框中输入 window,系统自动搜索完成后会在资源管理器窗口工作区中显示出所有文件名中包含字符串 window 的所有文件和文件夹。
(2) 同样选中导航栏中的"此电脑",在打开的窗口中选中逻辑盘 D 并打开,在 D 盘窗口右上角的搜索框中输入"＊考试＊.txt",打开"搜索工具"选项卡"优化"功能区,设置"修改日期:今天,大小:极小",这时右窗口中便会显示出 D 盘中修改日期在当天,文件扩展名为 txt,文件大小不超过 10KB 的所有文件。
(3) 单击"搜索工具"选项卡"选项"功能区中"保存搜索"按钮,在弹出的"另存为"对话框中选择保存位置为"桌面",文件名栏中输入 find,最后单击"保存"按钮。

1.2　Windows 的基本操作

【实验目的】

- 掌握文件和文件夹的复制、剪切和粘贴操作方法。
- 掌握快捷方式的建立、使用和删除方法。
- 掌握开始菜单的定制方法。
- 掌握命令行方式的使用方法。

【实验内容及案例】

1. 文档和文件夹的复制和移动

1）实验内容

（1）准备工作：预先在 D 盘的根目录上建立"源"文件夹和"目标 1"文件夹；在 C 盘根目录上建立"目标 2"文件夹；在"源"文件夹下建立"文字"和"图片"两个子文件夹，并在"文字"文件夹下建立几个文本文件。

（2）将"图片"文件夹复制到"目标 1"文件夹中；将"文字"文件夹下的所有文件复制到"目标 1"文件夹中。

（3）再将"文字"文件夹整个移动到"目标 2"文件夹中。

2）操作步骤

（1）准备工作：参考 1.1 节的文件和文件夹的建立操作，完成准备工作。

（2）进入"源"文件夹，选中"图片"文件夹，按下 Ctrl＋C 组合键；再进入"目标 1"文件夹，按下 Ctrl＋V 组合键；或者打开"源"文件夹，在按住 Ctrl 键的同时，用鼠标拖动"图片"文件夹到"目标 1"文件夹。

（3）在"源"文件夹中双击"文字"文件夹，打开"文字"文件夹，按下 Ctrl＋A 组合键选中全部文件，再按下 Ctrl＋C 组合键；进入"目标 1"文件夹，按下 Ctrl＋V 组合键。或者打开"文字"文件夹，在"文字"文件夹中选中全部文件（按下 Ctrl＋A 组合键），然后在按住 Ctrl 键的同时，用鼠标拖动至"目标 1"文件夹。

（4）在"源"文件夹中，选中"文字"文件夹，按下 Ctrl＋X 组合键；再进入"目标 2"文件夹，按下 Ctrl＋V 组合键。或者打开"源"文件夹，然后在按住 Shift 键的同时，用鼠标拖动"文字"文件夹到"目标 2"文件夹。

2. 快捷方式的建立和使用

1）实验内容

（1）在桌面上建立"画图"工具的快捷方式。

（2）用快捷方式打开画图程序。

2）操作步骤

（1）单击"开始"按钮，选择所有程序列表里的"Windows 附件"下的"画图"工具，右击鼠标，选择"更多"→"打开文件位置"，进入文件夹，选择"画图"工具，右击鼠标，在弹出的快捷菜单中选择"发送到"→"桌面快捷方式"命令。

（2）双击桌面上刚刚建立的快捷方式图标，即可打开"画图"程序。

3. 开始菜单的定制

1）实验内容

（1）将"控制面板"固定显示到开始屏幕上。

（2）设置开始菜单中要显示最常用的程序，设置在开始菜单或任务栏的跳转列表显示最近打开的项目。

（3）设置将"文件资源管理器"显示在"开始"菜单固定程序区域。

（4）设置在桌面模式自动隐藏任务栏。

2）操作步骤

（1）打开"开始"菜单，选择所有程序列表里的"Windows 系统"下的"控制面板"，右击鼠标，在弹出的快捷菜单中选择"固定到开始屏幕"命令，控制面板磁贴便会显示到开始屏幕右侧。

（2）右击任务栏空白处，在打开的快捷菜单中选择"任务栏设置"命令，打开设置窗口，单击左边的"开始"命令，在右边窗口中，将"显示最常用的应用"和"在开始菜单或任务栏的跳转列表显示最近打开的项"打开。

（3）右击任务栏空白处，在打开的快捷菜单中选择"任务栏设置"命令，打开设置窗口，单击左边的"开始"命令，在右边窗口中，单击最下方的"选择哪些文件夹显示在开始菜单上"，在随后打开的窗口中设置打开"文件资源管理器"。

（4）右击任务栏空白处，在打开的快捷菜单中选择"任务栏设置"命令，打开设置窗口，在此窗口中选择打开"在桌面模式下自动隐藏任务栏"。

4. 命令行的使用

1）实验内容

（1）通过"运行"命令运行 cmd 程序。

（2）通过命令行方式运行 DOS 命令 help。

2）操作步骤

（1）右击"开始"按钮，在弹出的快捷菜单中选择"运行"命令，在打开的"运行"对话框的文本框中输入 cmd，并单击"确定"按钮。或者单击"开始"菜单，选择所有程序列表里的"Windows 系统"下的"命令提示符"。

（2）在弹出的 cmd 程序窗口中，输入 help，并按回车键。

1.3 Windows 资源管理器

【实验目的】

- 掌握文件夹窗口的浏览方式和显示方式设置。
- 掌握回收站的使用和设置。
- 掌握查看计算机的属性及逻辑盘的详细信息方法。
- 掌握文件和文件夹的重命名方法。

【实验内容及案例】

1. 浏览方式和显示方式的设置

1）实验内容

（1）设置在不同窗口中打开不同的文件夹，文件夹中要显示所有的文件（包括隐藏文件），且不要隐藏已知文件的扩展名。
（2）文件夹窗口底部要显示状态栏。
（3）使具有相同扩展名的文件排列在一起。

2）操作步骤

（1）单击"开始"菜单，选择所有程序列表中"Windows 系统"下的"文件资源管理器"命令，打开"文件资源管理器"窗口，选择"查看"选项卡中"选项"命令，打开"文件夹选项"对话框。
（2）在已打开对话框的"常规"选项卡的"浏览文件夹"区域，单击选中"在不同窗口中打开不同的文件夹"单选按钮；在"查看"选项卡"文件和文件夹"下，选择"隐藏文件和文件夹"设置下的"显示隐藏的文件、文件夹和驱动器"单选按钮；使"隐藏已知文件的扩展名"复选框不选中，"显示状态栏"的复选框选中。然后单击"确定"按钮。
（3）在资源管理器窗口右边的文件夹内容窗口的空白区右击，在弹出的快捷菜单中选择"排列方式"→"类型"命令。

设置是否要显示隐藏文件、是否显示文件的扩展名也可以在"文件资源管理器"窗口"查看"选项卡中"显示/隐藏"功能区中进行设置。

2. 回收站的使用和设置

1) 实验内容

(1) 准备工作：在 D 盘的根目录下建立"计算机文化"文件夹，在"计算机文化"文件夹下建立"文字"和"图片"两个文件夹。

(2) 删除"文字"和"图片"两个文件夹。

(3) 还原"文字"文件夹，将"图片"文件夹恢复至桌面。

(4) 设置 C 盘回收站的最大空间为 9000MB。

2) 操作步骤

(1) 准备工作：建立文件和文件夹，完成准备工作。

(2) 进入"计算机文化"文件夹，选中其中的两个子文件夹(按 Ctrl＋A 组合键，或采用其他合适的方法)，右击鼠标，在弹出的快捷菜单中选择"删除"命令。

(3) 双击桌面上的"回收站"图标，打开"回收站"窗口。

(4) 选中"文字"文件夹，右击文件夹，在弹出的快捷菜单中选择"还原"命令。

(5) 选中"图片"文件夹，用鼠标拖动至桌面。

(6) 右击桌面上的"回收站"图标，在弹出的快捷菜单中选择"属性"命令，打开"回收站属性"对话框。

(7) 将"常规"选项卡中的 C 盘回收站最大值设为 9000MB，单击"确定"按钮。

3. 查看计算机的属性及逻辑盘的详细信息

1) 实验内容

(1) 查看计算机上安装的操作系统版本、计算机内存大小及处理器主频。

(2) 查看逻辑盘 C 盘的详细情况。

2) 操作步骤

(1) 右击桌面上的"此电脑"图标，在弹出的快捷菜单中选择"属性"命令，在打开的系统属性窗口中可以查看到操作系统版本、计算机内存大小及处理器主频。

(2) 双击桌面上"此电脑"图标，选中逻辑盘 C 盘图标，右击鼠标，在弹出的快捷菜单中选择"属性"命令，在属性窗口中显示了当前逻辑盘的使用状况、共享情况、安全设置和一些系统工具等。

4. 文件和文件夹的重命名

1) 实验内容

(1) 在桌面上建立一个文本文件，名为"我的文件"。

（2）修改文件名为"备用档案"。

2）操作步骤

（1）准备工作：在桌面空白区右击鼠标，在弹出的快捷菜单中选择"新建"→"文本文件"命令，并输入文本文件的名字"我的文件"。

（2）右击桌面上刚刚建立的"我的文件"图标，在弹出的快捷菜单中选择"重命名"命令。

（3）输入名字"备用档案"并按回车键；或者输入名字"备用档案"后，在桌面空白处单击。

1.4　Windows 系统环境的设置

【实验目的】

- 掌握显示属性的设置方法。
- 掌握时间与日期的设置方法。
- 掌握输入法的设置。

【实验内容及案例】

1. 显示属性的设置

1）实验内容

（1）设置屏幕保护程序为"3D 文字"，等待时间为 5 分钟。
（2）设置屏幕分辨率为 1280 像素×768 像素。
（3）将桌面背景图案设置为计算机中已有的一个图片文件，填充显示。

2）操作步骤

（1）右击桌面空白处，在弹出的快捷菜单中选择"个性化"命令。在打开的窗口左侧单击"锁屏界面"选项，再在"锁屏界面"中选择下方的"屏幕保护程序设置"命令。在弹出的"屏幕保护程序设置"对话框中设置屏幕保护程序为"3D 文字"，在"等待"框中输入"5"，单击"应用"按钮。

（2）右击桌面空白处，在弹出的快捷菜单中选择"显示设置"命令，再在打开的窗口中间"分辨率"下拉列表中选择 1280 像素×768 像素。

（3）右击桌面空白处，在弹出的快捷菜单中选择"个性化"命令。在打开的窗口背景设置界面中选择背景为"图片"，单击"浏览"按钮，在打开对话框中选择要作为背景的图片文件。选择契合度为"填充"。

2. 时间和日期的设置

1）实验内容

（1）将系统时间调快 1 小时。
（2）设置任务栏的通知区域中关闭系统时钟。

2）操作步骤

（1）在"控制面板"中单击"时钟和区域"图标，弹出对话框窗口，单击"日期和时间"链接，可以打开"日期和时间"设置对话框，单击"更改日期和时间"按钮，会打开"日期和时间设置"对话框，在此对话框中可以修改系统时间，最后单击"确定"按钮。
（2）在任务栏的空白处右击，在弹出的快捷菜单中选择"任务栏设置"命令，打开"设置"窗口，在任务栏设置界面中，单击"通知区域"下的"打开或关闭系统图标"命令，在弹出的窗口中，设置关闭"时钟"。

3. 输入法的设置

1）实验内容

（1）将自己熟悉的输入语言设为默认输入语言。
（2）设置将语言栏停靠于任务栏。

2）操作步骤

（1）单击开始菜单左下角固定程序区域中"设置"按钮，打开"设置"窗口，单击"时间和语言"，再打开"区域和语言"窗口，单击右侧的"高级键盘设置"，在打开的窗口中设置默认的输入语言。
（2）在打开的"高级键盘设置"窗口中，单击"语言栏选项"，在打开的窗口中设置语言栏"停靠于任务栏"，单击"确定"按钮。

1.5 Windows 附件中的系统工具和常用工具

【实验目的】

- 掌握系统工具的使用。
- 掌握常用工具的使用。

【实验内容及案例】

1. 系统工具的使用

1）实验内容

（1）运行"磁盘清理程序"。

（2）安排计划，使系统在每个月的 1 日 0:00 时起，自动运行某个指定程序。

2）操作步骤

（1）单击"开始"菜单中的 Windows 管理工具→"磁盘清理"命令，选定磁盘，单击"确定"按钮，在弹出的"磁盘清理"对话框中进行设置。

（2）单击"开始"菜单中的 Windows 管理工具→"任务计划程序"命令，打开"任务计划程序"设置窗口。

（3）在右边操作窗格中选择"任务计划程序库"下的"创建基本任务"命令，打开设置向导程序。

（4）按向导提示一步步设置计划任务名称、触发时间和需要触发的程序。

2. 常用工具的使用

1）实验内容

（1）对桌面进行截屏。

（2）将截取的画面分别粘贴到写字板和画图程序中。

（3）在画图程序中，对画面进行水平翻转。

（4）保存文件至桌面，文件名由用户自定，文件类型用默认值。

2）操作步骤

（1）在桌面显示的情况下，按下 PrtSc 键，进行截屏。

（2）单击"开始"菜单中的"Windows 附件"选择"写字板"命令，打开写字板程序。

（3）按下 Ctrl＋V 组合键，粘贴截取的屏幕至写字板。

（4）单击快速访问工具栏上的"保存"按钮，在弹出的"保存为"对话框中，设置保存位置为桌面，设置文件名，单击"保存"按钮，关闭写字板。

（5）单击"开始"菜单中的"Windows 附件"选择"画图"命令，打开画图程序。

（6）按下 Ctrl＋V 组合键，粘贴截取的屏幕至画图程序。

（7）单击"主页"选项卡下的"图像"→"旋转"→"水平翻转"命令。

（8）单击快速访问工具栏上的"保存"按钮，在弹出的"保存为"对话框中，设置保存位置为桌面，设置文件名，单击"保存"按钮，关闭画图程序。

1.6 综合练习

1. 操作题要求

1.1 在 D 盘根目录下建立"计算机综合练习"文件夹,在此文件夹下建立"文字""图片"和"多媒体"3 个子文件夹,把"图片"文件夹设置为共享文件夹,将"多媒体"文件夹定义为"隐藏"属性。将打印机设置为共享打印机,共享名为 HP(注意:没有安装打印机是无法设置共享打印机的)。

1.2 先从网络上找到任意一张图片,保存在 D 盘根目录下,以"图片.jpg"为文件名。然后在计算机中查找此 JPG 文件,将它复制到"图片"文件夹中。将此文件设为只读文件,并创建该文件的快捷方式到桌面。

1.3 在"写字板"文字编辑窗口中输入一段自我介绍,40 字以内,将其字体定义为宋体 18 磅,以 RTF 格式存入 D 盘根目录下的"计算机综合练习"文件夹下的"文字"文件夹,文件名为"自我介绍"。用"记事本"建立一个名为 test.txt 的文件,文件内容为考生的专业名称、学号和姓名,将其字体定义为宋体二号并存到"文字"文件夹中。

1.4 将控制面板放到开始屏幕的磁贴中,隐藏 Windows 的任务栏,并去掉任务栏上的时间显示,把桌面图标按名称重新排列。

1.5 将显示器背景图案设置为计算机中已有的一个图片,平铺显示。设置以"彩带"为图案的屏幕保护程序,且等待时间为 15 分钟。

1.6 在计算机中查找扩展名是 .wav 的文件,找到后将任意一个文件重命名为 bound.wav。在 D 盘根目录下的"计算机综合练习"文件夹下的"文字"文件夹中查找所有的扩展名为.txt 的文件,找到后全部删除。将屏幕分辨率设置为 800 像素×600 像素。

1.7 在 D 盘根目录上建立一个 kstemp 文件夹,在 kstemp 文件夹中建立 tem1.c 和 temp 文件夹。把文件 tem1.c 复制到 temp 文件夹中去。然后彻底删除 kstemp 文件夹中的 temp 文件夹。并且设置使隐藏的文件和文件夹显示出来。

1.8 在 D 盘根目录下建立文件夹"上机安排",在桌面上建立此文件夹的快捷方式,快捷方式名为"临时文件夹",设置 D 盘的回收站的最大空间为 12 000MB。

2. 操作提示

1.1 操作步骤如下。

(1)双击桌面上的"此电脑"图标,打开"此电脑"窗口。

(2)单击逻辑盘 D 的盘符,在窗口工作区显示 D 盘中的所有文件夹和文件。

(3)选择"主页"→"新建"→"文件夹"命令,在 D 盘上出现一个新的文件夹并自动进入更名状态,输入该文件夹的名字"计算机综合练习"。

(4)双击刚刚建立的文件夹,打开该文件夹;重复执行"主页"→"新建"→"文件夹"命令,并分别命名为"文字""图片"和"多媒体"。

（5）右击"图片"文件夹，在弹出的快捷菜单中选择"属性"命令，在"共享"选项卡中单击"共享"按钮，然后在弹出的对话框中填写共享用户名并设置权限级别，最后单击"共享"按钮。

（6）右击"多媒体"文件夹，在弹出的快捷菜单中选择"属性"命令，在"常规"选项卡中选中"隐藏"复选框并单击"确定"按钮。

（7）在任务栏搜索框中输入"控制面板"，打开"控制面板"窗口，在"硬件和声音"下选择"设备和打印机"，弹出"设备和打印机"窗口。

（8）右击要设置的打印机图标，在弹出的快捷菜单中选择"打印机属性"命令；在"共享"选项卡中选择"共享这台打印机"复选框，并在激活的"共享名"文本框中输入共享名 HP；单击"确定"按钮。

1.2　操作步骤如下。

（1）先从网上下载一张图片，保存到 D 盘根目录下，以"图片.jpg"文件名保存。

（2）双击桌面上的"此电脑"图标，在窗口右上角的搜索框中输入"图片.jpg"。

（3）单击搜索出来的文件图标，并按 Ctrl＋C 组合键；进入上题建立的"图片"文件夹，按 Ctrl＋V 组合键。

（4）在"图片"文件夹中，右击刚刚复制过来的文件，在弹出的快捷菜单中选择"属性"命令；并在弹出窗口的"常规"选项卡中选中"只读"复选框，单击"确定"按钮。

（5）再次右击该文件，在弹出的快捷菜单中选择"发送到"→"桌面快捷方式"命令。

1.3　操作步骤如下。

（1）选择"开始"→"Windows 附件"→"写字板"命令，打开写字板程序。

（2）输入自我介绍，全选（按 Ctrl＋A 组合键）；在"主页"选项卡中"字体"功能区设置字体大小为 18 磅。

（3）单击快速访问工具栏中"保存"按钮，在弹出的"保存为"对话框的"文件名"列表框中输入文件名"自我介绍"，在"保存类型"列表框中选择 RTF 格式，在左边导航窗格中选择 D 盘下的"计算机综合练习"文件夹的"文字"文件夹，单击"保存"按钮。

（4）选择"开始"→"Windows 附件"→"记事本"命令，打开记事本程序。

（5）输入自己的专业名称、学号、姓名等信息，全选（按 Ctrl＋A 组合键）；选择菜单"格式"→"字体"命令，在弹出的"字体"对话框中选择字体为宋体，大小为二号；单击"确定"按钮。

（6）选择"文件"→"另存为"命令；在弹出的"另存为"对话框的"文件名"列表框中输入文件名 test，在"保存类型"列表框中选择"文本文档"格式，在左边导航窗格中选择 D 盘下的"计算机综合练习"文件夹的"文字"文件夹，单击"保存"按钮。

1.4　操作步骤如下。

（1）打开"开始菜单"，在所有程序列表中右击"Windows 系统"下的"控制面板"，在弹出菜单中选择"固定到开始屏幕"命令；

（2）在任务栏的空白处右击鼠标，在弹出的快捷菜单中选择"任务栏设置"命令，打开"设置"窗口，显示任务栏设置选项，设置"在桌面模式下自动隐藏任务栏"打开。单击"通知区域"下的"打开或关闭系统图标"，在弹出的窗口中设置关闭"时钟"。

（3）右击桌面空白区，在弹出的快捷菜单中选择"排列方式"→"名称"命令。

1.5　操作步骤如下。

（1）右击桌面空白处，在弹出的快捷菜单中选择"个性化"命令。在打开的窗口背景设置界面中选择背景为"图片"，单击"浏览"按钮，在打开对话框中选择要作为背景的图片文件。选择契合度为"平铺"。

（2）在打开的个性化设置窗口中，单击左侧的"锁屏界面"选项，再在"锁屏界面"中选择下方的"屏幕保护程序设置"命令。在弹出的"屏幕保护程序设置"对话框中设置屏幕保护程序为"彩带"，在"等待"文本框中输入 15，单击"应用"按钮。

1.6　操作步骤如下。

（1）双击桌面上"此电脑"图标，在打开的"此电脑"窗口右上角的搜索框中输入 *.wav，这时窗口中便会显示出计算机中文件扩展名为 .wav 的所有文件，右击任意一个 .wav 文件，在弹出的快捷菜单中选择"重命名"命令，输入名字 bound 并按回车键。

（2）单击 D 盘根目录下的"计算机综合练习"文件夹下的"文字"文件夹，在窗口右上角的搜索框中输入 *.txt，这时窗口中便会显示出"文字"文件夹下所有 TXT 文件。

（3）按 Ctrl＋A 组合键选中窗口中搜索出来的所有文件，按 Del 键删除所有的文档。

（4）右击桌面空白处，在弹出的快捷菜单中选择"显示设置"命令，再在打开的窗口中间"分辨率"下拉列表中选择分辨率为 800 像素×600 像素。

1.7　操作步骤如下。

（1）双击桌面上的"此电脑"图标。

（2）在打开的"此电脑"窗口中选中逻辑盘 D 并打开（双击逻辑盘 D 的盘符）。

（3）在右边窗口工作区的空白区右击鼠标，在弹出的快捷菜单中选择"新建"→"文件夹"命令，并输入文件夹的名字 kstemp。

（4）双击刚刚建立的 kstemp 文件夹，进入该文件夹窗口，用同样的操作建立 temp 文件夹；在空白区右击鼠标，在弹出的快捷菜单中选择"新建"→"文本文件"命令，并输入文本文件的名字 temp1.txt，修改 temp1.txt 文件的文件名，将 txt 后缀改为 c。

（5）选中 temp1.c 文件，按住 Ctrl 键的同时把该图标拖动到文件夹 temp 中。

（6）选中 temp 文件夹，按住 Shift 键的同时按 Del 键，在弹出的"确认文件永久性删除"对话框中单击"确定"按钮。

（7）在"文件资源管理器"窗口"查看"选项卡中，选中"显示/隐藏"功能区中"隐藏的项目"复选框。

1.8　操作步骤如下。

（1）双击桌面上的"此电脑"图标，打开 D 盘，单击"主页"选项卡下"新建"功能区中的"新建文件夹"按钮，修改文件夹名为"上机安排"。

（2）右击"上机安排"文件夹，在弹出的快捷菜单中选择"发送到"→"桌面快捷方式"命令，在桌面上修改此快捷图标的名字为"临时文件夹"。

（3）右击桌面上的"回收站"图标，在弹出的快捷菜单中选择"属性"命令，打开"回收站属性"对话框。

（4）将"常规"选项卡中的 D 盘回收站最大值设为 12 000MB，单击"确定"按钮。

第2章

Word 文字编辑

2.1 Word 基本操作

【实验目的】

- 掌握文档的建立、打开和保存。
- 掌握文本的选定、剪切、复制和粘贴。
- 掌握文本的查找和替换。
- 掌握插入批注以及给文档添加修订标记。

【实验内容及案例】

1. 建立与保存文本

1）实验内容

（1）输入"Word 案例 1 素材"中的文字，在"位""字节"和"字"3 个名词定义前分别插入特殊符号①、②、③。以"Word 案例 1. docx"为名保存在"Word 练习"文件夹下。

（2）关闭文档窗口，再打开"Word 案例 1. docx"文件，将其以"Word 案例 1 备份 . docx"名字另存在"Word 练习"文件夹下。

Word 案例 1 素材：

存储器概念

内存储器的主要性能指标就是存储容量和读取速度。

我们知道，内存是用来存储程序和数据的，而程序和数据都是用二进制数来表示的。不同的程序和数据的大小（二进制位数）是不一样的，因此，我们需要一个关于存储容量大小的单位。现在我们介绍一下各种单位：

位（bit）：是二进制数的最小单位，通常用 b 表示。

字节(byte)：我们把 8 个位叫作一个字节,通常用 B 表示。内存存储容量一般都是以字节为单位的。

字(word)：由若干字节组成。至于到底等于多少字节,取决于什么样的计算机,更确切地说,取决于计算机的字长,即计算机一次所能处理的数据的最大位数。

2) 操作步骤

(1) 选择"开始"菜单,打开 Word 2016 应用程序,单击"新建空白文档",直接输入素材所给内容,然后将光标放在第 3 段(位的定义)前,单击"插入"选项卡,单击"符号"功能区下的"符号"按钮,在下拉列表中选择"其他符号",弹出"符号"对话框,在"符号"选项卡中的"子集"列表框中选择"带括号的字母数字",随后在出现的符号中选择"①",单击"插入"按钮,插入完成后单击"关闭"按钮。同样方法在第 4 段和第 5 段前分别插入②和③。选择"文件"→"保存"命令,在"另存为"窗口中,单击"浏览"图标,选择路径存到"Word 练习"文件夹下,文件名为"Word 案例 1.docx",单击"保存"按钮。

(2) 选择"文件"→"关闭"命令关闭文档。选择"文件"→"打开"命令,在"打开"窗口中单击"最近"按钮,右侧选定"Word 案例 1.docx",打开此文档,选择"文件"→"另存为"命令,在"另存为"窗口中,单击"浏览"图标,选择路径存到"Word 练习"文件夹下,文件名为"Word 案例 1 备份.docx",单击"保存"按钮。

2. 文本的选定、移动和复制

1) 实验内容

(1) 打开"Word 练习"文件夹下"Word 案例 1.docx",将第 1 段"内存储器的主要性能指标就是存储容量和读取速度。"移动到最后,作为最后一段。

(2) 将第 2 段中"现在我们介绍一下各种单位："中"我们"两字删除。将其以"test1.docx"名字另存在"Word 练习"文件夹下。

2) 操作步骤

(1) 打开"Word 练习"文件夹,双击文件夹下的"Word 案例 1.docx",打开文件,选择第 1 段"内存储器的主要性能指标就是存储容量和读取速度。"单击"开始"选项卡"剪贴板"功能区中"剪切"按钮,用鼠标将插入点移动到文档最后空白行的开始处,单击"开始"选项卡"剪贴板"功能区中"粘贴"按钮。

(2) 选中第 2 段中"现在我们介绍一下各种单位："中"我们"两字,按 Delete 键。选择"文件"→"另存为"命令,在"另存为"窗口中,单击"浏览"图标,选择路径存到"Word 练习"文件夹下,文件名为"test1.docx",单击"保存"按钮。

3. 文本的查找和替换

1) 实验内容

(1) 打开"Word 练习"文件夹下 test1.docx,用替换方法将"字节"两字的颜色设置成红色。

（2）用替换方式将冒号前的"字节"两字的颜色设置成黑色。

（3）查找颜色为黑色的"字节"两个字。将其以 test2.docx 名字另存在"Word 练习"文件夹下。

2）操作步骤

（1）打开"Word 练习"文件夹下的 test1.docx，单击"开始"选项卡"编辑"功能区"替换"按钮，打开"查找和替换"对话框，在"查找内容"框中输入"字节"，在"替换为"框中输入"字节"，插入点放在"替换为"框中，单击"更多"按钮，再在最下方选择"格式"→"字体"命令，在弹出的"替换字体"对话框中，单击"字体"选项卡，设置字体颜色为"红色"，单击"确定"按钮，显示如图 2-1 所示的对话框，最后单击"全部替换"按钮，文档中所有"字节"两字就成为红色。

图 2-1　"查找和替换"对话框

（2）单击"开始"选项卡"编辑"功能区"替换"按钮，打开"查找和替换"对话框，在"查找内容"框中输入"字节"，在"替换为"框中输入"字节"，插入点放在"替换为"框中，单击"更多"按钮，再在最下方选择"格式"→"字体"命令，在弹出的"替换字体"对话框中，单击"字体"选项卡，设置字体颜色为"黑色"，单击"确定"按钮，单击"查找下一处"按钮，如是冒号前的"字节"两字，单击"替换"按钮；如不是，再单击"查找下一处"按钮，直到查找范围结束。

（3）单击"开始"选项卡"编辑"功能区"查找"按钮旁的倒三角，在下拉列表中选择"高级查找"命令，打开"查找和替换"对话框，在"查找内容"框中输入"字节"，单击"更多"按钮，再在最下方选择"格式"→"字体"命令，在弹出的"查找字体"对话框中，单击"字体"选项卡，设置字体颜色为"黑色"，单击"确定"按钮。单击"查找下一处"按钮，屏幕上显示出查找到的冒号前的"字节"两字，再单击"查找下一处"按钮，直到弹出"已完成对文档的搜索"提示，单击"确定"按钮。

（4）选择"文件"→"另存为"命令，在"另存为"窗口中，单击"浏览"图标，选择路径存到"Word 练习"文件夹下，文件名为 test2.docx，单击"保存"按钮。

4. 插入批注与文档修订

1）实验内容

（1）打开"Word 练习"文件夹下 test2.docx，给标题行"存储器概念"插入批注"这是标题"。

（2）设置修订属性，将插入内容设置为红色，并且加下画线，设置对所有修改增加修订标记，删除第 2 段中的"我们知道，"，在标题文字"存储器"后插入"的"字。

（3）设置显示文档的"所有标记"。将其以 test3.docx 名字另存在"Word 练习"文件夹下。

2）操作步骤

（1）打开"Word 练习"文件夹下 test2.docx，选择标题行"存储器概念"，选择"审阅"选项卡"批注"功能区的"新建批注"命令，在批注框中输入"这是标题"。

（2）单击"审阅"选项卡"修订"功能区右下角带有↘标记的按钮，打开"修订选项"对话框，在此对话框中选择"高级选项"按钮，在弹出的对话框中设置标记插入内容加单下画线，颜色为红色，单击"确定"按钮，单击"审阅"选项卡"修订"功能区"修订"按钮。删除第 2 段中的"我们知道，"，在标题文字"存储器"后插入"的"字。

（3）单击"审阅"选项卡"修订"功能区"显示以供审阅"列表框的下拉按钮，在下拉列表中选择"所有标记"，可以看到批注框标记出来的插入内容和删除内容的批注等。

（4）选择"文件"→"另存为"命令，在"另存为"窗口中，单击"浏览"图标，选择路径存到"Word 练习"文件夹下，文件名为 test3.docx，单击"保存"按钮。

2.2　Word 文档的排版

【实验目的】

- 掌握字符格式的设置。
- 掌握段落格式设置。

- 掌握分栏和首字下沉的设置。
- 掌握页眉和页脚的设置，添加项目符号。
- 掌握页面设置和打印。

【实验内容及案例】

1. 字符格式设置

1）实验内容

（1）打开"Word 练习"文件夹下的"Word 案例2.docx"文件，设置标题行"打开文档"字体为四号、加粗格式，设置字符间距加宽1磅。

（2）设置正文第1段"编辑一篇已存在的文档……几种方法打开一个文档："字体为红色，加单下画线，以 test4.docx 为文件名另存在"Word 练习"文件夹中。

Word 案例2如下：

打开文档

编辑一篇已存在的文档，必须先打开文档。Word 提供了多种打开文档的方法，这些方法大致可以分为两种。一种是：双击文档图标，在启动 Word 时同时打开文档。另一种是：已打开 Word 应用程序，再打开文档，这时可以有以下几种方法打开一个文档：

方法1：单击"常用"工具栏上的"打开"按钮或选择"文件"菜单中的"打开"命令。弹出图3-7所示"打开"对话框，在对话框中选择文档所在的驱动器、文件夹及文件名。

方法2：要打开最近使用过的文档，请单击"文件"菜单底部的文件名。Word 在默认情况下，"文件"菜单下列出4个最近使用的文档。用户可以设置列出文档的个数，在 Word 菜单"工具"→"选项"→"常规"中进行设置，最多可列出最近所用的9个文档。

方法3：在任务窗格中选择要打开的文档。在"视图"菜单中选择"任务窗格"，在显示出的任务窗格中选择"开始工作"任务窗格，在最下面的"打开"框中选择要打开的文档。

2）操作步骤

（1）打开"Word 练习"文件夹下的"Word 案例2.docx"文件，选择标题文字"打开文档"，单击"开始"选项卡"字体"功能区右下角带有↘标记的按钮，打开"字体"对话框，在"字体"选项卡中设置字号为四号、字形为加粗，在"高级"选项卡中设置字符间距加宽，磅值为1磅。

（2）选择正文第1段文字"编辑一篇已存在的文档……几种方法打开一个文档："，单击"开始"选项卡"字体"功能区中"字体颜色"按钮旁的倒三角，选择标准色红色，单击下画线按钮旁的倒三角，选择单下画线。选择"文件"→"另存为"命令，以文件名 test4.docx 保存到"Word 练习"文件夹中。

2. 段落格式设置与样式的使用

1) 实验内容

(1) 打开"Word练习"文件夹下的"Word案例2.docx"文件,设置标题行"打开文档"居中显示,并添加蓝色文字边框。

(2) 设置正文第1段"编辑一篇已存在的文档……几种方法打开一个文档:"首行缩进2个字符,左右缩进1字符,1.5倍行距,段前段后间距各一行。

(3) 将正文第1段的段落格式定义成"我的样式",将正文第2~4段的段落格式设置成"我的样式",最后以test5.docx为名保存到"Word练习"文件夹中。

2) 操作步骤

(1) 打开"Word练习"文件夹下的"Word案例2.docx"文件,选中标题"打开文档",单击"开始"选项卡"段落"功能区"居中"按钮,继续选择"段落"功能区"边框"按钮旁的倒三角,在下拉列表中选择"边框和底纹"命令,在"边框"选项卡中选择颜色为蓝色,设置方框边框,应用于文字,单击"确定"按钮。

(2) 选择正文第1段,单击"开始"选项卡"段落"功能区右下角带有↘标记的按钮,打开"段落"对话框,在"缩进和间距"选项卡的"特殊格式"下拉列表中选择首行缩进,缩进值为"2字符",左侧右侧缩进各"1字符",间距项中段前段后各"1行",行距下拉框中选择1.5倍行距。单击确定"按钮"。

(3) 选择正文第1段,单击"开始"选项卡"样式"功能区右下角带有↘标记的按钮,在打开的"样式"任务窗格中单击"新建样式"按钮,在"根据格式设置创建新样式"对话框的"名称"框中输入"我的样式",单击"确定"按钮。选择第2段,然后在"样式"功能区的快速样式库下拉列表中选择"我的样式",用同样办法设置第3段、4段的段落格式为"我的样式"。选择"文件"→"另存为"命令,以test5.docx为名保存到"Word练习"文件夹中。

3. 设置分栏、首字下沉和添加项目符号

1) 实验内容

(1) 打开"Word练习"文件夹下的"Word案例2.docx"文件,将正文第1段"编辑一篇已存在的文档……几种方法打开一个文档:"分等宽的两栏,栏间距2字符,加紫色段落底纹。

(2) 将正文第1段设置首字下沉,将其字体设置为华文行楷,下沉行数为2。

(3) 给正文第2~4段添加黑色方块项目符号。

(4) 将文件以test6.docx为文件名保存到"Word练习"文件夹中。

2) 操作步骤

(1) 打开"Word练习"文件夹下的"Word案例2.docx"文件,选定正文第1段所有文

字,单击"布局"选项卡"页面设置"功能区的"分栏"按钮,在下拉列表中选择"更多分栏"命令,打开"分栏"对话框,设置栏数"2"栏、选中"栏宽相等"复选框、栏间距"2字符",最后在"应用于"选项下拉列表框中选择"所选文字",设置完成单击"确定"按钮。单击"开始"选项卡"段落"功能区"边框"按钮旁的倒三角,在下拉列表中选择"边框和底纹"命令,在打开的对话框中选择"底纹"选项卡,选择填充颜色为紫色,在"应用于"选项下拉框中选择"段落",单击"确定"按钮。

（2）选择正文第1段,单击"插入"选项卡"文本"功能区的"首字下沉"按钮,在下拉列表中选择"首字下沉选项"命令,在弹出的对话框中选择"下沉"选项,设置字体为华文行楷,下沉行数为2,单击"确定"按钮。

（3）选择正文第2～4段,单击"开始"选项卡"段落"功能区"项目符号"按钮旁的倒三角,在下拉列表中选择黑色方块项目符号。

（4）选择"文件"→"另存为"命令,以 test6.docx 为文件名保存到"Word 练习"文件夹中。

4. 设置页眉、页脚

1）实验内容

（1）打开"Word 练习"文件夹下的"Word 案例 2.docx"文件,插入页眉"计算机基础",页眉设置为小五号字、宋体、居中。

（2）在文档右下方页脚处插入页码,格式为Ⅰ、Ⅱ、Ⅲ。

（3）最后以 test7.docx 为文件名保存到"Word 练习"文件夹中。

2）操作步骤

（1）打开"Word 练习"文件夹下的"Word 案例 2.docx"文件,单击"插入"选项卡"页眉和页脚"功能区"页眉"按钮,在下拉列表中选择"编辑页眉"命令;在页眉区输入文字"计算机基础",选中页眉,单击"开始"选项卡,在"字体"功能区设置字号为"小五"、字体为"宋体",在段落功能区选择"居中"按钮。

（2）选择"页眉和页脚工具设计"选项卡"导航"功能区的"转至页脚"命令,在"页眉和页脚"功能区选择"页码"→"设置页码格式"命令,在打开的"页码格式"对话框中设置"编号格式"为"Ⅰ,Ⅱ,Ⅲ…",单击"确定"按钮。再在"页眉和页脚"功能区中选择"页码"→"当前位置"→"普通数字",选中页脚,单击"开始"选项卡"段落"功能区"右对齐"按钮。

（3）选择"文件"→"另存为"命令,以 test7.docx 为文件名保存到"Word 练习"文件夹中。

5. 页面和打印设置

1）实验内容

（1）打开"Word 练习"文件夹下的"Word 案例 2.docx"文件,设置纸张为 A4,左右页边距为 3 厘米,横向打印。

(2)设置打印当前页。

2)操作步骤

(1)单击"布局"选项卡"页面设置"功能区右下角带有 ↘ 标记的按钮,打开"页面设置"对话框,在"页边距"选项卡中设置左右页边距为 3 厘米,纸张方向选择"横向"。在"纸张"选项卡中的纸张大小下拉列表中选择 A4。单击"确定"按钮。

(2)选择文件按钮"打印"命令,在右侧打印"设置"处,单击"打印所有页"下拉按钮,选择"打印当前页面"。

2.3 插入表格及表格编辑

【实验目的】

- 掌握表格的建立与编辑。
- 掌握表格中数据的排序及计算。
- 掌握表格格式设置。

【实验内容及案例】

1. 表格的建立与编辑

1)实验内容

(1)新建一个 Word 文档,按下列"Word 案例 3 样张"所示插入一个 5 行 3 列的表格,填入数据。

(2)在表格最上面插入一行,输入"成绩单"三字作为表头,合并此行 3 个单元格。

(3)表格最下面插入一行,第一列中输入文字"平均成绩"。将文档以 test8.docx 为名存盘到"Word 练习"文件夹下。

Word 案例 3 样张:

姓　名	数　学	语　文
李小平	80	85
吴莹	90	75
郭敏敏	75	60
刘华	54	65

（2）操作步骤

（1）新建一个空白 Word 文档，单击"插入"选项卡"表格"功能区"表格"按钮，在下拉列表中选择列数 3 行数 5，填入样张所示的数据。

（2）选中第 1 行，选择"表格工具"→"布局"选项卡"行和列"功能区"在上方插入"命令，选择新插入行，选择"合并"功能区"合并单元格"命令，输入"成绩单"。

（3）选中最后一行，选择"表格工具"→"布局"选项卡"行和列"功能区"在下方插入"命令，第一列中输入文字"平均成绩"。将文档以 test8.docx 为名存盘到"Word 练习"文件夹下。

2. 表格中数据的排序及计算

1）实验内容

（1）打开 test8.docx 文件，将学生成绩单按照语文成绩降序排序。

（2）用公式计算数学和语文成绩平均分，并填入对应单元格。将文档以 test9.docx 为名存盘到"Word 练习"文件夹下。

2）操作步骤

（1）打开 test8.docx 文件，选择除第一行和最后一行外的所有行，单击"表格工具"→"布局"选项卡"数据"功能区"排序"按钮，在排序对话框中，选择"列表"中的"有标题行"选项，主要关键字为"语文"，类型为"数字"，降序排序，单击"确定"按钮。

（2）插入点放在"数学""平均成绩"单元格，单击"表格工具"→"布局"选项卡"数据"功能区"f_x公式"命令，在公式文本框中输入"= AVERAGE(ABOVE)"，单击"确定"按钮。再在"语文""平均成绩"单元格中做同样操作。将文档以 test9.docx 为名存盘到"Word 练习"文件夹下。

3. 表格格式设置

1）实验内容

（1）打开文件 test9.docx，表头"成绩单"文字改为粗黑体四号，设置为分散对齐；设置除成绩单以外的其他单元格中文字字体为宋体五号，内容在单元格中上下左右居中；表格在文档中左右居中。

（2）用绘制表格的方式按如下样张在表格左侧插入一列"第一学期成绩"，设置文字方向为纵向。

（3）设置表格所有边框线为 1 磅的单实线，将姓名列左侧的框线改为 0.5 磅红色双实线，如样张所示。将文档以 test10.docx 为名存盘到"Word 练习"文件夹下。

成	绩		单
	姓名	数学	语文
第一学期成绩	李小平	80	85
	吴莹	90	75
	刘华	54	65
	郭敏敏	75	60
	平均成绩	74.75	71.25

2）操作步骤

（1）打开文件 test9.docx，选择表格第 1 行，用"开始"选项卡"字体"功能区快捷键，字体选择黑体，字号选择四号，单击加粗（B）按钮，单击"段落"功能区按钮设置"分散对齐"。选择除"成绩单"以外的其他单元格，设置文字字体为宋体五号，选择"表格工具"→"布局"选项卡"对齐方式"功能区"水平居中"命令。选中整个表格，单击"开始"选项卡"段落"功能区"居中"按钮。

（2）单击"插入"选项卡"表格"功能区"表格"按钮，在下拉列表中选择"绘制表格"命令，鼠标变成绘图笔图标后，在"姓名"列中"姓名"单元格内左侧自上而下拖动鼠标至"平均成绩"单元格，画出一条竖线，再单击"表格工具"→"布局"选项卡"绘图"功能区中"绘制表格"按钮，使鼠标图标恢复正常，选中左侧一列空单元格，单击"表格工具"→"布局"选项卡"合并"功能区"合并单元格"按钮，输入文字"第一学期成绩"，选中此单元格，右击鼠标，在快捷菜单中选择"文字方向"命令，在弹出的对话框中设置文字为如样张所示的纵向方向。

（3）选择表格，单击"段落"选项卡"边框和底纹"按钮旁三角，在下拉列表中选择"边框和底纹"命令打开"边框和底纹"对话框，在"边框"选项卡中选择粗细为 1 磅的单实线，"设置"为"全部"，单击"确定"按钮；选择"第一学期成绩"单元格，再次打开"边框和底纹"对话框，在其中选择"设置"为"自定义"、粗细为 0.5 磅、颜色红色的双实线，单击"预览"栏右侧框线一次，单击"确定"按钮。将文档以 test10.docx 为名存储到"Word 练习"文件夹下。

2.4　插入图片及图文混排

【实验目的】

- 掌握文本框、自选图形及图片文件的插入。
- 掌握图文混排方法。

【实验内容及案例】

1. 文本框、自选图形及图片文件的插入

1) 实验内容

（1）打开"Word 练习"文件夹中的文件"Word 案例 4.docx"，插入艺术字标题"计算机的诞生与发展历史"，艺术字样式选择第三个。

（2）在第一段文字中插入竖排文本框，将正文最后一段文字填入，版式为四周型并右对齐。

（3）在第一段文字中插入名为 eniac.png 的图片文件（图片在"Word 练习"文件夹中），版式为四周型并左对齐。

（4）文档最后插入自选图形笑脸，效果如图 2-2 所示。将文档以 test11.docx 为名存盘到"Word 练习"文件夹下。

图 2-2　图文混排样张 1

2) 操作步骤

（1）打开"Word 练习"文件夹中的"Word 案例 4.docx"，单击"插入"选项卡"文本"功能区"艺术字"命令，选择第三个艺术字格式，输入"计算机的诞生与发展历史"。

（2）选择最后一段文字剪切，单击"插入"选项卡"文本"功能区"文本框"按钮，在下拉列表中选择"绘制竖排文本框"命令，在文本框中粘贴文字，选中文本框，并将文本框拖曳至合适位置，拖动文本框边框至合适大小，单击"图片工具"→"格式"选项卡"环绕文字"按钮，在下拉列表中选择"四周型"，单击"排列"功能区中"对齐"按钮，在下拉列表中选择"右对齐"。

（3）选择"插入"选项卡"插图"功能区"图片"命令，插入"Word 练习"文件夹中名为 eniac.png 的图片文件，单击"图片工具"→"格式"选项卡"环绕文字"按钮下拉列表中"四周型"，单击"排列"功能区中"对齐"按钮，在下拉列表中选择"左对齐"。

（4）插入点移到文档最后，单击"插入"选项卡"插图"功能区"形状"按钮，在下拉列表中选择"基本形状"中的"笑脸"，拖曳鼠标插入笑脸图形。将文档以 test11.docx 为名存盘到"Word 练习"文件夹下。

2. 图文混排方法

1）实验内容

（1）打开"Word 练习"文件夹中的文件 test11.docx，按样张设置艺术字标题：字体设置为华文行楷、一号、高 1.5 厘米、宽 11 厘米，版式为四周型并水平居中对齐。

（2）设置插入的竖排文本框：文字为"蓝色"，框内填充"浅绿"，框线为 6 磅三线，放到如样张所示位置。

（3）设置图片高度和宽度为 5 厘米和 7 厘米，插入文本框，填入"图 1-1 EINAC 计算机"，将图片和此文本框组合一起，设置为四周环绕，左对齐，效果如图 2-3 所示。

计算机的诞生与发展

世界上第一台电子数字式计算机于 1946 年 2 月 15 日在美国宾夕法尼亚大学研制成功，它的名称叫 ENIAC（埃尼阿克），是电子数值积分式计算机（The Electronic Numberical Intergrator and Computer）的缩写。它使用了近 18000 个真空电子管，耗电 170 千瓦，占地 150 平方米，重达 30 吨，每秒钟可进行 5000 次加法运算。图 1-1 是放置这台计算机的房间全景。虽然它还比不上今天最普通的一台微型计算机，但在当时它已是运算速度的绝对冠军，并且其运

图 1-1 EINAC 计算机

算的精确度和准确度也是史无前例的。以圆周率（π）的计算为例，中国的古代科学家祖冲之利用算筹，耗费 15 年心血，才把圆周率计算到小数点后 7 位数。一千多年后，英国人香克斯以毕生精力计算圆周率，才计算到小数点后 700 多位。而使用 ENIAC 进行计算，仅用了 40 秒就达到了这个记录，还发现香克斯的计算中，第 528 位是错误的。

图 2-3　图文混排样张 2

（4）将插入的自选图形设置为红色边框。将文档以 test12.docx 为名存盘到"Word 练习"文件夹下。

2）操作步骤

（1）打开"Word 练习"文件夹中的文件 test11.docx，选中艺术字标题内的文字，在"开始"选项卡"字体"功能区中选择字体为华文行楷。选中艺术字外框，右击鼠标，在弹出菜单中选择"其他布局选项"命令，在弹出的"布局"对话框的"大小"选项卡中设置高度

1.5 厘米、宽度 11 厘米,在"文字环绕"选项卡中设置为四周型,在"位置"选项卡中设置"水平对齐方式"为居中。

（2）选择文本框中的文字,"字体"功能区中设置字体颜色为蓝色。选择文本框,调整合适大小,放到如样张所示的位置,选中文本框,右击鼠标,在弹出的菜单中选择"设置形状格式"命令,打开"设置形状格式"任务窗格,在"填充"下拉选项中设置"纯色填充"、颜色选择标准色"浅绿",在"线条"下拉选项中设置"宽度"为 6 磅,"复合类型"为三线,单击任务窗格"关闭"按钮;再次选中文本框,右击鼠标,在弹出的菜单中选择"其他布局选项"命令,在"文字环绕"选项卡中设置为四周型,"位置"选项卡中设置"水平对齐方式"为右对齐,"相对于"为页边距。

（3）选择图片,单击"图片工具"→"格式"选项卡"大小"功能区右下角带有↘标记的按钮,打开"布局"对话框,在"大小"选项卡将"锁定纵横比"的选中取消,设置图片高度和宽度分别为 5 厘米和 7 厘米;插入文本框,填入"图 1-1 EINIAC 计算机",设置"绘图工具格式"的"形状轮廓"为"无轮廓",将文本框拖到合适的位置,然后按住 Ctrl 键同时单击选择图片和此文本框,放开 Ctrl 键,右击鼠标,在弹出的菜单中选择"组合"→"组合"命令,选择组合后的对象,按样张拖曳到合适的位置,右击鼠标,在弹出的菜单中选择"其他布局选项"命令,在"文字环绕"选项卡中设置为四周型,在"位置"选项卡中设置"水平对齐方式"为左对齐,"相对于"为页边距。

（4）选择笑脸自选图形,右击鼠标,在弹出的菜单中选择"设置形状格式"命令,在打开的任务窗格中单击"线条"左侧按钮,在下拉选项中设置"线条"为"实线"、颜色为"红色",单击"关闭"按钮。将文档以 test12.docx 为名存盘到"Word 练习"文件夹下。

2.5 综合练习

1. 操作题要求

2.1 将以下素材按要求排版。

（1）将正文设置为四号宋体;设置此段落左缩进 2 个字符,首行缩进 2 个字符,行距为 1.5 倍行距。

（2）添加红色双实线页面边框。

（3）设置页面纸张大小 A4,左右边距为 2.5 厘米。

　　笔者在上面就马克·吐温的《自传》的非凡特色作了一些探索,企图阐明马克·吐温在《自传》中所表现的是:誓与意识形态中的保守势力与敌对势力作殊死的斗争,甚至死后还要斗到底的无畏精神;《自传》既为自己画像,又不只为自己画像,立意让历史与现实撞击,迸发出火花,以推动时代进步;在平头老百姓的日常生活中给自己画像,那些以显赫人物自重的庸俗作风不足取;过分重政治、轻社会、轻人性、轻文化的美学原则,可不是幽默大师、世界大文豪马克·吐温的路子。这些在今天仍不乏现实意义。

2.2　将以下素材按要求排版。

（1）将标题"前言"设置成小二号、黑体、红色、加粗、倾斜、居中。

（2）为正文文字添加绿色底纹，悬挂缩进 2 个字符，行距设置为 14 磅。

（3）将文字"传阅"作为水印插入文档。

前言

　　《名利场》是英国十九世纪小说家萨克雷的成名作品，也是他生平著作里最经得起时间考验的杰作。故事取材于很热闹的英国十九世纪中上层社会。当时国家强盛，工商业发达，由压榨殖民地或剥削劳工而发财的富商大贾正主宰着这个社会，英法两国争权的战争也在这时响起了炮声。中上层社会各式各等人物，都忙着争权夺位，争名求利，所谓"天下攘攘，皆为利往，天下熙熙，皆为利来"，名位、权势、利禄，原是相连相通的。

2.3　参考样张按要求操作。

（1）新建一个空白文档，设置页面为 A4，页边距上下为 2.3 厘米、左右为 2 厘米。

（2）按所给样张插入一个三行三列的表格，键入各列表头及 3 组数据，设置表格中文字对齐方式为水平居中，字体为小五号、蓝色、仿宋。

（3）在表格最后一列增加一列，列标题为"平均成绩"。用公式计算各学生的平均成绩并插入到相应的单元格内。

姓名	数学	语文
张平	80	90
李红	76	75

2.4　将题 2.1 中给出的素材按要求排版。

（1）将文中所有"自传"替换为 memoir。

（2）添加艺术字标题"马克·吐温"（任选一种艺术字体），设置字体为宋体、加粗、36 磅。

（3）在页脚添加右对齐页码（格式为 A，B，C…，位置为页脚）。

（4）设置首字下沉，位置为悬挂，字体为华文中宋，下沉 2 行。

2.5　将以下素材按要求排版。

（1）设置标题字体为隶书、三号、蓝色，并添加红色阴影边框（应用范围为文字），标题居中，给标题加批注"标题"。

（2）将正文字体设置为小四号、华文新魏，字符间距加宽 2 磅。

（3）打开修订模式，将正文段落左右各缩进 1 厘米，首行缩进 1 厘米，段前段后各 6 磅，将最后一句话中"同时"两字删除。

排队论

　　排队论（Queueing Theory）是为解决上述问题而发展起来的一门学科。排队论起源于上世纪初，当时的美国贝尔（Bell）电话公司发明了自动电话后，满足了日益增长的

电话通信的需要。但另一方面,也带来了新的问题,即如何合理配置电话线路的数量,以尽可能减少用户的呼叫次数。如今,通信系统仍然是排队论应用的主要领域。同时在运输、港口泊位设计、机器维修、库存控制等领域也获得了广泛的应用。

2.6　参考样张进行以下操作。

(1) 分别添加左对齐、居中对齐、右对齐和小数点对齐 4 个制表位,通过制表位对齐方式输入样张所给文字,然后将其转换成一个 5 行 5 列的表格,单元格对齐方式设置为靠下居中。

(2) 在表格最上面插入一行,合并该行中的单元格,在该行中输入"教师薪水汇总",并居中。

(3) 为该表格添加自动套用格式"简明型 1"。

经济系	王一一	副教授	2670	60.3
经济系	王书同	副教授	2640	180.4
中文系	魏军	讲师	1180	180.6
化学系	李娜	助教	930	250.5
生物系	周红	助教	890	260.1

2.7　将以下素材按要求排版。

(1) 第 1 段设置首行缩进 2 字符,左右各缩进 0.5 厘米,1.5 倍行距,段前段后各设置 1 行,字体颜色为红色,将此段设置的样式定义为"习题样式"。然后第 4 段设置成"习题样式"。

(2) 将正文第 1 段设置首字下沉,将其字体设置为华文行楷,下沉行数为 3。

(3) 把所有"图型"两字替换为"图形",替换后"图形"两字格式为倾斜、四号、绿色并加波浪下画线。

使用"绘图"工具栏中提供的绘图工具可以绘制像正方形、矩形、多边形、直线、曲线、圆、椭圆等各种图型对象。如果绘图工具栏不在窗口中,可在"视图"→"工具栏"中选择绘图来设置。

(1) 绘制自选图型:在"绘图"工具栏上,单击"自选图型"按钮,打开菜单。从各种样式中选择一种,然后在子菜单中单击一种图型,这时鼠标变成＋形状,在需要添加图型的位置,按下鼠标左键并拖动,就插入了一个自选图形。

(2) 在图型中添加文字:可先选中图形,然后右击,在弹出的快捷菜单中选择"添加文字",这是自选图型的一大特点,并可修饰所添加的文字。

设置图型内部填充色和边框线颜色:选中图型,右击鼠标,在弹出的快捷菜单中选择"设置自选图型格式",打开对话框,可在此设置自选图型颜色、线条、大小和版式等。

2.8　将题 2.7 给出的素材按要求排版。

(1) 将第 4 段分成两栏,栏间距 2 字符,加蓝色段落底纹。

（2）将第 2、3 段开头的编号（1）、（2）改为项目符号"□"。

（3）在第 1 段插入任意一张图片，设置图片的高度为 2 厘米，宽度为 3 厘米，环绕方式为衬于文字下方、居中。

2.9　将题 2.5 给出的素材按要求排版。

（1）插入艺术字标题"排队论"，字体设置为华文行楷，字内填充红色，高 3 厘米，宽 12 厘米，环绕方式为上下型并居中对齐。

（2）插入页眉页脚：页眉为"计算机基础习题"，页脚包括第几页、共几页信息，页眉页脚设置小五号字、宋体、居中。

（3）对正文进行插入竖排文本框操作，设置文本框背景填充为"水滴"纹理。

2.10　将以下素材按要求排版。

（1）将素材中的表格转换成文字，文字分隔符为制表符，再添加红色文字边框和黄色文字底纹。

（2）在段首插入 Winter. JPG 文件（"素材"目录下），调整到适当大小，设置为四周环绕和左对齐。

（3）在段首插入自选图形"禁止符"，组合该自选图形和 Winter. JPG，移动到文档的最下方。

	第一季度	第二季度	第三季度	第四季度
一楼商场	82360	68763	73694	90395

　　对顾客的服务时间是确定的还是随机的。如自动冲洗汽车的装置对每辆汽车冲洗（服务）的时间是确定性的。但大多数情形服务时间是随机性的。对于随机性的服务时间，需要知道它的概率分布。通常服务时间服从的概率分布有定长分布、负指数分布、爱尔朗分布等。

2. 操作提示

2.1　操作步骤如下。

（1）选中全文，单击"开始"选项卡"字体"功能区中相应按钮，设置字体为"宋体"，字号为"四号"；单击"段落"功能区右下角↘按钮，在弹出的"段落"对话框中设置左缩进 2 字符，首行缩进 2 字符，行距为 1.5 倍行距。

（2）单击"开始"选项卡"段落"功能区"边框和底纹"按钮旁的倒三角，在下拉列表中选择"边框与底纹"命令，在弹出的"边框和底纹"对话框中单击"页面边框"选项卡，设置红色双实线方框页面边框。

（3）单击"布局"选项卡"页面设置"功能区右下角↘按钮，打开"页面设置"对话框，在"页边距"选项卡中设置左右边距为 2.5 厘米，在"纸张"选项卡中设置纸张大小为 A4。

2.2　操作步骤如下。

（1）选择标题"前言"，单击"开始"选项卡"字体"功能区中相应按钮，设置字体为黑体，字号为小二，颜色为红色、加粗、倾斜，在"段落"功能区单击"居中"按钮。

（2）选择除标题以外的所有正文，选择"段落"功能区"边框和底纹"按钮旁的三角，在下拉列表中选择"边框和底纹"命令，在弹出的对话框的"底纹"选项卡中选择填充色为绿色，应用于文字，单击"确定"按钮。单击"开始"选项卡"段落"功能区右下角↘符号，在弹出的对话框中设置悬挂缩进2字符，行距选固定值，设置值为14磅，单击"确定"按钮。

（3）选择"设计"选项卡"页面背景"功能区"水印"命令，在下拉列表中选择"自定义水印"，在弹出的"水印"对话框中选择"文字水印"，在"文字框"中选择"传阅"，单击"确定"按钮。

2.3　操作步骤如下。

（1）在"开始"菜单打开 Word 应用程序，系统自动打开"文档1"，单击"布局"选项卡"页面设置"功能区右下角↘按钮，打开"页面设置"对话框，在"页边距"选项卡中设置页边距上下为2.3厘米，左右为2厘米，在"纸张"选项卡中设置纸张大小为A4，单击"确定"按钮。

（2）插入点放在文档开始处，单击"插入"选项卡"表格"功能区"表格"按钮，选择3行3列的表格，输入各列表头及3组数据，选中表格，单击"表格工具"→"布局"选项卡"对齐方式"功能区"水平居中"按钮，单击"字体"功能区中相应按钮设置字体为小五、蓝色、仿宋。

（3）光标放在表格第3列结尾，选择"表格工具"中"布局"选项卡"行和列"功能区"在右侧插入"命令，在表格最后一列增加一列，输入列标题"平均成绩"。插入点放在"张平"的"平均成绩"单元格，选择"表格工具"中"布局"选项卡"数据"功能区"f_x公式"命令，公式框中输入"＝AVERAGE(LEFT)"或"＝AVERAGE(B2,C2)"，单击"确定"按钮。用同样方法再在"李红"的"平均成绩"单元格中填入公式"＝AVERAGE(LEFT)"或"＝AVERAGE(B3,C3)"。

2.4　操作步骤如下。

（1）选择"开始"选项卡"编辑"功能区"替换"命令，在"查找和替换"对话框中的"查找内容"框中输入"自传"，在"替换为"框中输入"memoir"，单击"全部替换"按钮。

（2）插入点放到文档开始，选择"插入"选项卡"文本"功能区"艺术字"命令，选择一种艺术字格式。鼠标选中艺术字内的文字，输入"马克·吐温"，在"开始"选项卡"字体"功能区设置字体为宋体、加粗、36磅。

（3）单击"插入"选项卡"页眉和页脚"功能区中的"页码"按钮，在下拉列表中选择"页面底端"→"普通数字1"，在"开始"选项卡"段落"功能区设置右对齐，单击"页眉和页脚工具设计"选项卡中的"页码"按钮，在下拉列表中选择"设置页码格式"，在弹出的对话框中选择"编号格式"为"A,B,C…"，单击"确定"按钮，选择"页眉和页脚工具设计"选项卡"关闭"功能区"关闭页眉和页脚"命令。

（4）选择正文，单击"插入"选项卡"文本"功能区"首字下沉"按钮，在下拉列表中选择"首字下沉选项"命令，打开"首字下沉"对话框，选择"悬挂"选项，设置首字字体为华文中宋，下沉行数为2。设置完成单击"确定"按钮。

2.5　操作步骤如下。

（1）选择标题"排队论"，在"开始"选项卡"字体"功能区设置字体为隶书、三号、蓝色，单击"段落"功能区"边框"按钮旁三角,在下拉列表中选择"边框和底纹"命令,在弹出的对话框"边框"选项卡中选择"阴影"边框,颜色设置为"红色",应用范围为文字,单击"确定"按钮。单击"段落"功能区"居中"按钮,选中标题"排队论",单击"审阅"选项卡"批注"功能区中的"新建批注"命令,在批注框中输入"标题"。

（2）选择正文文字,单击"开始"选项卡"字体"功能区右下角↘符号,在打开的"字体"对话框"字体"选项卡中设置字号为小四,字体为华文新魏,在"高级"选项卡中设置字符间距为加宽 2 磅。

（3）选择"审核"选项卡"修订"功能区"修订"命令,打开修订模式,单击第二段的任意位置,单击"开始"选项卡"段落"功能区右下角↘符号,在弹出的对话框中设置正文段落左右各缩进 1 厘米,首行缩进 1 厘米,段前段后各 6 磅;选择最后一句话中的"同时"两字,按Delete 键。

2.6　操作步骤如下。

（1）新建空白文档,单击垂直标尺最顶端的制表位按钮,直到它更改为所需的"左对齐式制表符"类型,在水平标尺上单击要插入制表位的位置。以同样方法在水平标尺合适的位置上分别插入居中对齐、右对齐、小数点对齐另外 3 个制表位。在文档开始位置输入"经济系",按下 Tab 键,输入"王一一",再按下 Tab 键,以此类推,输完第一行后,按回车键,以同样方法输入其他各行数据。用鼠标选中要转换的文本,单击"插入"选项卡"表格"功能区"表格"按钮,在下拉列表中选择"文本转换成表格"命令,在弹出的"将文字转换成表格"对话框中,将文字分隔位置设置为"制表符",单击"确定"按钮。选择表格,选择"表格工具"中"布局"选项卡的"对齐方式"下的"靠下居中对齐"命令。

（2）选中表格第一行,选择"表格工具""布局"选项卡"行和列"功能区中的"在上方插入"命令,选择新插入的行,右击鼠标,选择"合并"功能区"合并单元格"命令,输入"教师薪水汇总",选中第一行,在"开始"选项卡"段落"功能区中设置"居中"。

（3）选择表格,单击"表格工具设计"选项卡"表格样式"功能区"表格样式库"旁滚动条下三角符号,在下拉列表中选择"修改表格样式"命令,在弹出对话框中的"样式基准"中,选择表格样式为"简明型 1",单击"确定"按钮。

2.7　操作步骤如下。

（1）选择第 1 段,单击"开始"选项卡"段落"功能区右下角↘符号,在弹出的对话框中设置段落左右各缩进 0.5 厘米,首行缩进 2 字符,1.5 倍行距,段前段后各设置 1 行,单击"确定"按钮。在"字体"功能区中设置字体颜色为红色。选择第 1 段,单击"样式"功能区右下角↘符号,在弹出的"样式"任务窗格中单击"新建样式"按钮,在"根据格式设置创建新样式"对话框中,名称框中输入"习题样式",单击"确定"按钮。选择第 4 段,在"样式"功能区"快速样式库"下拉列表中选择"习题样式"。

（2）选择第 1 段,单击"插入"选项卡"文本"功能区"首字下沉"按钮,在下拉列表中选择"首字下沉选项"命令,打开"首字下沉"对话框,选择"下沉"位置,设置首字字体为华文行楷,下沉行数为 3,单击"确定"按钮。

（3）选择"开始"选项卡"编辑"功能区"替换"命令,打开"查找和替换"对话框,在"查找内容"框中输入"图型",在"替换为"框中输入"图形"。单击"更多"按钮,插入点放在"替换为"框中,再在最下方单击"格式"→"字体",在弹出的"替换字体"对话框中设置格式为倾斜、四号、绿色并加波浪下画线,单击"确定"按钮,在"查找和替换"对话框中单击"全部替换"按钮。

2.8 操作步骤如下。

(1) 选定第 4 段所有文字内容,单击"页面布局"选项卡"页面设置"功能区"分栏"按钮,在下拉列表中选择"更多分栏"命令打开"分栏"对话框,栏数为 2、栏间距为 2 字符,在"应用于"中选择"所选文字",单击"确定"按钮。选择第 4 段,单击"开始"选项卡"段落"功能区"边框"按钮旁三角,在下拉列表中选择"边框和底纹"命令,在弹出对话框的"底纹"选项卡中选择填充色为蓝色,应用于"段落",单击"确定"按钮。

(2) 选择第 2、3 段,单击"开始"选项卡"段落"功能区"项目符号"按钮旁三角,在下拉列表中选择"定义新项目符号"命令,在弹出对话框中选择"符号"按钮,在"符号"对话框中选择需要的项目符号,单击"确定"按钮。

(3) 把插入点移动到第 1 段,选择"插入"选项卡"插图"功能区"图片"命令,将打开"插入图片"对话框,任意选择一幅图片,单击"插入"按钮。选择插入的图片,右击鼠标,在弹出的快捷菜单中选择"大小和位置"命令,弹出"布局"对话框,在"文字环绕"选项卡中,设置环绕方式为衬于文字下方;在"位置"选项卡中,选择水平对齐方式"居中"。在"大小"选项卡中,取消"锁定纵横比"选中,设定高度为 2 厘米,宽度为 3 厘米,单击"确定"按钮。

2.9 操作步骤如下。

(1) 插入点移到标题处,选择"插入"选项卡"文本"功能区"艺术字"命令,在下拉列表中选择一种式样。用鼠标选择艺术字框内文字,输入"排队论",在"开始"选项卡"字体"功能区设置字体为华文行楷,颜色为红色。选择艺术字框,右击鼠标,在弹出的快捷菜单中选择"其他布局选项"命令,在弹出对话框的"大小"选项卡中设置高度为 3 厘米,宽度为 12 厘米。在"文字环绕"选项卡中选择"上下型",在"位置"选项卡中设置水平居中对齐,最后单击"确定"按钮。

(2) 单击"插入"选项卡"页眉和页脚"功能区"页眉"按钮,在下拉列表中选择"编辑页眉"命令,在页眉区输入"计算机基础习题"。单击页脚输入区,单击"页眉和页脚工具设计"选项卡"页眉和页脚"功能区"页码"按钮,在下拉列表中选择"当前位置"→"加粗显示的数字",在页脚上的"1/1"数字前后分别加入汉字"第""页""共""页",使其显示同"第几页/共几页"的信息,分别选择页眉和页脚内容,用"开始"选项卡"字体"功能区设置小五号字、宋体,用"段落"功能区设置居中格式。

(3) 单击"插入"选项卡"文本"功能区"文本框"按钮,在下拉列表中选择"绘制竖排文本框",用鼠标拖动拉出文本框。选择插入的文本框,右击鼠标,在弹出的快捷菜单中选择"设置形状格式"命令,在打开的"设置形状格式"任务窗格中单击"形状选项"选项卡下的"填充"左侧的按钮,打开下拉列表,选择"图片或纹理填充",在"纹理"中选择"水滴",单击"关闭"按钮。

2.10 操作步骤如下。

(1) 选择表格,选择"表格工具"中"布局"选项卡"数据"功能区"转换为文本"命令,弹出"表格转换成文本"对话框,选择"文字分隔符"区中的"制表符",单击"确认"按钮。选择转换后所有文字，单击"开始"选项卡"段落"功能区"边框"按钮旁的三角，在下拉列表中选择"边框和底纹"命令，在"边框和底纹"对话框的"边框"选项卡中选择"设置"下的"方框"，选择颜色为"红色"，选择应用于"文字"，在"底纹"选项卡中选择黄色底纹，选择应用于"文字"，单击"确定"按钮。

（2）打开资源管理器窗口，选中左侧导航窗格中的"计算机"，在"搜索框"中输入Winter.JPG，单击"搜索"按钮，记下文件所在文件夹位置。

（3）插入点移到段首，选择"插入"选项卡"插图"功能区"图片"命令，在弹出的"插入图片"对话框中选择步骤（2）记下的文件夹，在其中选择 Winter.JPG 文件，单击"插入"按钮。选择插入的图片，用鼠标拖动图片边框调整图片到适当大小，选择图片，右击鼠标，在弹出的快捷菜单中选择"大小和位置"命令，弹出"布局"对话框，在"文字环绕"选项卡中，设置环绕方式为"四周型"；在"位置"选项卡中，设置水平对齐方式为"左对齐"。

（4）插入点移到段首，单击"插入"选项卡"插图"功能区"形状"按钮，在下拉列表中选择"基本形状"里的"禁止符"，拖动鼠标，插入自选图形。按住 Ctrl 键，同时选择"禁止符"和 Winter.JPG，放开 Ctrl 键，右击鼠标，在弹出的快捷菜单中选择"组合"→"组合"命令。选择已经组合的图形，移动到文档的最下方。

第**3**章

Excel 电子表格

3.1 Excel 基本操作

【实验目的】

- 掌握 Excel 文档的新建、打开、编辑、保存和关闭操作。
- 掌握 Excel 各种类型数据的输入方法。
- 掌握数据的填充与系列数据的输入方法。
- 掌握工作表的插入和删除操作。
- 掌握工作表的移动、复制和重命名操作。

【实验内容及案例】

1. 工作簿文件的建立和保存

1) 实验内容

(1) 在 D 盘根目录下建立以自己的学号和姓名命名的文件夹(简称为"用户文件夹")。

(2) 创建一个 Excel 工作簿,在 Sheet1 工作表中输入如图 3-1 所示的数据,在 Sheet2 工作表中输入如图 3-2 所示的数据。

学号	姓名	性别	出生日期	高等数学	大学英语	计算机基础
0613001	陈小霞	女	1986/3/12	79	75	86
0613002	李红梅	女	1987/2/19	96	95	97
0613003	张珊珊	女	1985/5/15	60	68	75
0613004	柳亚萍	女	1987/12/2	72	79	80
0613005	王伟民	男	1988/2/24	78	80	90
0613006	李渊博	男	1985/6/30	89	86	80
0613007	马宏军	男	1986/2/20	90	92	88
0613008	刘一平	男	1987/4/30	69	74	79

图 3-1 基础课成绩表

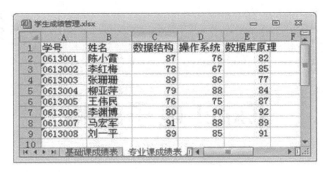

图 3-2　专业课成绩表

（3）将 Sheet1 工作表改名为"基础课成绩表"，将 Sheet2 工作表改名为"专业课成绩表"，然后将工作簿以"学生成绩管理.XLSX"为文件名保存到用户文件夹中。

2）操作步骤

（1）选择"开始"菜单，打开 Excel 应用程序，选择"文件"下"新建"命令，选择空白工作簿，在默认的 Sheet1 工作表中输入如图 3-1 所示的数据。

① "学号"一列中文本数字串的输入方法（用单撇号""将数字转换为文本）。"学号"列的数据很有规律，可用数据自动填充的方法输入：首先在 A2 和 A3 单元格中输入相应的值，然后选中 A2 和 A3 单元格，单击填充柄并向下拖动到 A9 单元格即可。

② 同样可用自动填充的方法输入"性别"列中 C3：C5、C7：C9 单元格的数据。

③ "出生日期"一列中日期型数据的输入方法：日期型数据中年、月、日之间的分隔符既可以用短画线"-"，也可以用斜杠"/"。

（2）用鼠标直接双击工作表标签栏 Sheet1，进入编辑状态后输入新名"基础课成绩表"即可。

（3）在默认的 Sheet2 工作表中输入图 3-2 所示的数据。其中的"学号"和"姓名"两栏数据可以复制 Sheet1 工作表中的内容。用同样的方法将工作表 Sheet2 改名为"专业课成绩表"。

（4）选择"文件"→"保存"命令，在"另存为"窗口中，单击"浏览"图标，选择路径为创建的用户文件夹，文件名为"学生成绩管理"，单击"保存"按钮。

2. 工作表的插入、删除操作

1）实验内容

（1）打开"学生成绩管理"工作簿文件。
（2）在工作表"基础课成绩表"之前插入一个新工作表。
（3）删除新插入的工作表。然后以原文件名保存。

2）操作步骤

（1）双击用户文件夹下新建的"学生成绩管理.xlsx"工作簿文件，进入 Excel 应用程

计算机应用基础实训指导（Windows 10，Office 2016）

序环境,并打开文件。

(2) 单击工作表标签栏中的"基础课成绩表"标签,用以下两种方法之一完成插入新工作表的操作。

方法 1:右击工作表标签,在弹出的快捷菜单中选择"插入"→"工作表"命令,即在"基础课成绩表"工作表之前插入了一个新工作表,默认的工作表标签名为"Sheet1"。

方法 2:在"开始"选项卡"单元格"功能区中,选择"插入"→"插入工作表"命令。

(3) 单击工作表标签栏中新插入的工作表标签,使其成为当前工作表。用以下两种方法之一完成删除工作表的操作。

方法 1:右击表标签,在弹出的快捷菜单中选择"删除"命令,确定删除即可。

方法 2:在"开始"选项卡"单元格"功能区中,单击"删除"→"删除工作表",然后以原文件名保存。

3. 工作表的移动、复制操作

1)实验内容

(1) 将"学生成绩管理.xlsx"中的"基础课成绩表"工作表在当前工作簿中的"基础课成绩表"之前复制一份,并命名为"计算机 1 班成绩"。

(2) 将"计算机 1 班成绩"工作表移动到"专业课成绩表"之后,另存为 test1.xlsx。

2)操作步骤

(1) 复制工作表的操作步骤如下:

① 单击工作表标签栏中的"基础课成绩表"标签,使其成为当前工作表。

② 右击鼠标,在弹出的快捷菜单中选择"移动或复制"命令。

③ 在图 3-3 所示的对话框中选中"基础课成绩表",并选中"建立副本"复选框。

④ 单击"确定"按钮。

⑤ 将"基础课成绩表(2)"工作表改名为"计算机 1 班成绩"。

(2) 移动工作表的操作步骤如下:

① 单击工作表标签栏中的"计算机 1 班成绩"标签,使其成为当前工作表。

② 将鼠标指针移到工作表标签栏中的"计算机 1 班成绩"标签,按下鼠标左键,拖动鼠标到"专业课成绩表"表标签的后端(即右端),释放鼠标左键即可。另存为 test1.xlsx。

图 3-3　复制工作表

3.2 工作表的编辑和格式化

【实验目的】

- 掌握单元格、行和列的插入和删除。
- 掌握单元格的选中方法。
- 掌握单元格合并操作。
- 掌握单元格数据的复制、移动和清除操作。
- 掌握单元格的格式设置(包括单元格字体、字号、对齐方式、边框和底纹等)。

【实验内容及案例】

1. 单元格、行和列的插入和删除操作

1) 实验内容

(1) 进行单元格、行和列的插入练习,在 test1. xlsx 工作簿文件的"基础课成绩表"工作表的 C 列前插入一个空白列,在 B3 单元格前插入一个空白单元格(原单元格的数据下移),并为"基础课成绩表"工作表添加标题行,内容为"计算机 1 班基础课成绩表";同时为"专业课成绩表"工作表添加标题行,内容为"计算机 1 班专业课成绩表";为"计算机 1 班成绩"工作表添加标题行,内容为"计算机 1 班综合成绩表"。

(2) 进行单元格、行和列的删除练习,将"基础课成绩表"工作表的 C 列删除,将 B4 单元格删除,并删除"计算机 1 班成绩"工作表第 D~G 列的内容,另存为 test2. xlsx。

2) 操作步骤

(1) 单元格、行和列的插入操作如下:
① 打开工作簿文件 test1. xlsx。
② 单击"基础课成绩表"工作表标签,使其成为当前工作表。

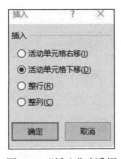

③ 选中 C 列,选择"开始"选项卡"单元格"功能区的"插入"下拉列表下的"插入工作表列"命令,在 C 列前插入一个空白列。

④ 选中单元格 B3,选择"开始"选项卡"单元格"功能区的"插入"下拉列表下的"插入单元格"命令,在弹出的如图 3-4 所示"插入"对话框中,选中"活动单元格下移"选项。

⑤ 单击 A1 选中单元格(或选中第 1 行),在"开始"选项卡"单元格"功能区中,选择"插入"→"插入工作表行"命令,在第 1 行插入一个空白行。

图 3-4 "插入"对话框

⑥ 双击 A1 单元格,在其中输入"计算机 1 班基础课成绩表"。

用同样的方法为"专业课成绩表"工作表插入一行标题,标题内容为"计算机 1 班专业课成绩表";为"计算机 1 班成绩"工作表插入一行标题行,内容为"计算机 1 班综合成绩表"。

(2) 单元格、行和列的删除操作如下:

① 单击"基础课成绩表"工作表标签,使其成为当前工作表。

② 选中 C 列,在"开始"选项卡"单元格"功能区中,选择"删除"→"删除工作表列"命令,第 C 列被删除,其右各列左移。

③ 单击 B4 单元格,在"开始"选项卡"单元格"功能区中,选择"删除"→"删除单元格"命令,在弹出的如图 3-5 所示"删除"对话框中,选中"下方单元格上移"选项。

④ 单击"计算机 1 班成绩"工作表标签,使其成为当前工作表。

⑤ 单击列号 D,按下鼠标左键不放,并拖曳到列号 G,然后释放鼠标左键,使第 D~G 列被选中。

⑥ 在"开始"选项卡"单元格"功能区中,选择"删除"→"删除工作表列"命令,则第 D~G 列被删除,其右各列左移另存为 test2.xlsx。

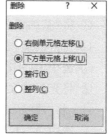

图 3-5 "删除"对话框

2. 单元格的选中操作

1) 实验内容

打开 test2.xlsx 文件,进行单元格选中练习。

(1) 单个单元格的选中。

(2) 多个连续单元格的选中。

(3) 多个不连续单元格的选中。

2) 操作步骤

(1) 单个单元格的选中:单击该单元格即可选中。

(2) 多个连续单元格的选中:以选中 A2:F10 区域的单元格为例,有以下两种方法。

方法 1:从第一个单元格 A2 到最后一个单元格 F10 拖曳鼠标。

方法 2:单击选中区域上第一个单元格 A2,按下 Shift 键,再单击选中区域上最后一个单元格 F10。

(3) 多个不连续单元格的选中:以同时选中 A4、C3、D6、E1、F8 单元格为例。

单击欲选中的第一个单元格 A4,按下 Ctrl 键,再依次单击欲选中的其他单元格。

3. 单元格数据的复制、移动和清除

1) 实验内容

(1) 打开 test2.xlsx 文件,将"基础课成绩表"工作表在同一工作簿中的工作表最后复制一份,命名为"成绩"。

（2）将"成绩"表中的 B4:B7 单元格的内容复制到 H11:H14 单元格中。

（3）将"成绩"表中的 A2:E2 单元格的内容移动到 B15:F15 单元格中。

（4）清除"成绩"表中的 H11:H14 区域的内容。另存为 test3.xlsx。

2）操作步骤

（1）复制工作表操作如下：

① 单击工作表标签栏中的"基础课成绩表"标签，使其成为当前工作表。

② 右击鼠标，选中"移动或复制"命令，在弹出的对话框中选中"移至最后"，并选中"建立副本"复选框，单击"确定"按钮。

③ 将"基础课成绩表"工作表改名为"成绩"。

（2）将"成绩"表中的 B4:B7 单元格的内容复制到 H11:H14 单元格中。

① 选中 B4:B7 单元格，右击鼠标，单击"复制"按钮。

② 将光标放在 H11 单元格位置，右击鼠标，单击"粘贴"按钮。

（3）将"成绩"表中的 A2:E2 单元格内容移动到 B15:F15 单元格中。

① 选中 A2:E2 单元格，右击鼠标，单击"剪切"按钮。

② 将光标放在 B15 单元格位置，右击鼠标，单击"粘贴"按钮。

（4）清除"成绩"表中的 H11:H14 区域的内容。

选中 H11:H14 区域的数据，在"开始"选项卡"编辑"功能区中，单击"清除"→"清除内容"，或按下键盘的 Delete 键。另存为 test3.xlsx。

4. 单元格格式设置和合并操作

1）实验内容

（1）打开 test2.xlsx 文件，为"计算机 1 班成绩"工作表的 D2～F2 单元格分别输入"总分""平均"和"总排名"。

（2）将"计算机 1 班成绩"工作表的标题在 A1:F1 范围内合并单元格居中显示，字体设为隶书、红色、18 磅、标准色黄色底纹。

（3）将"计算机 1 班成绩"表中其余部分设为宋体、深蓝色、12 磅字、水平居中、底端对齐；然后为表加边框线：外边框为红色双线，内边框线为蓝色单线。另存为 test4.xlsx。

2）操作步骤

（1）单元格内容的录入（操作步骤略）。

（2）打开 test2.xlsx 文件，选中"计算机 1 班成绩"工作表，然后选中 A1:F1 单元格，在"开始"选项卡"对齐方式"功能区中，单击"合并后居中"按钮；选择"单元格"功能区中"格式"的下拉列表，在下拉列表选中"设置单元格格式"命令，弹出"设置单元格格式"对话框，选择"字体"选项卡进行字体设置，选择"填充"选项卡，设置背景色为标准色黄色，单击"确定"按钮。

（3）选中"计算机 1 班成绩"工作表中的 A2:F10 单元格区域，在"开始"选项卡"单元格”功能区中，单击“格式”的下拉列表，在下拉列表选中“设置单元格格式”命令，弹出“设置单元格格式”对话框依次选择“字体”选项卡、“对齐”选项卡、“边框”选项卡进行格式设置，设置完毕，单击“确定”按钮。另存为 test4. xlsx。

以上操作完成后的结果如图 3-6 所示。

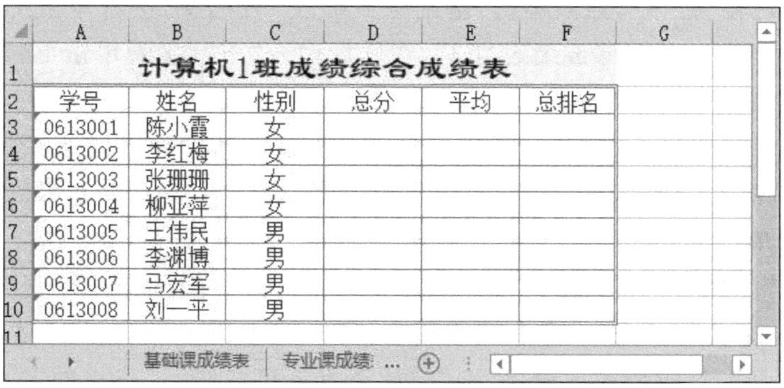

	A	B	C	D	E	F	G
1	计算机1班成绩综合成绩表						
2	学号	姓名	性别	总分	平均	总排名	
3	0613001	陈小霞	女				
4	0613002	李红梅	女				
5	0613003	张珊珊	女				
6	0613004	柳亚萍	女				
7	0613005	王伟民	男				
8	0613006	李渊博	男				
9	0613007	马宏军	男				
10	0613008	刘一平	男				
11							

图 3-6　工作表格式化样例

3.3　公式与函数的使用

【实验目的】

- 掌握公式的输入和使用方法。
- 掌握常用函数的使用方法。
- 掌握插入批注的方法。

【实验内容及案例】

1. 利用公式和函数计算总分和平均分

1）实验内容

（1）打开 test4. xlsx。根据“基础课成绩表”和“专业课成绩表”两表中的数据计算每个学生的总分和平均分(必须用公式计算，且平均分取一位小数)，存放到“计算机 1 班成绩”工作表的相应单元格中。

（2）在“计算机 1 班成绩”工作表的“平均分”列之后插入一列，在 F2 单元格输入“评选”，利用 IF 函数评选出优秀生(总分≥510 分)，若某个学生为优秀生，则第 F 列相应的单元格中显示为“优秀生”。

（3）在 A12 单元格输入“优秀率”，求出优秀率(优秀率＝优秀人数/总人数)，将结果用带 2 位小数的百分比显示在 B12 单元格中，另存为 test5. xlsx。

2）操作步骤

（1）"总分"列数据的计算方法如下。

① 打开 test4.xlsx，选中"计算机 1 班成绩"工作表作为当前工作表，单击 D3 单元格。

② 在编辑栏输入"＝"，然后单击"基础课成绩表"表标签，接着单击 E3 单元格，这时编辑栏中显示内容"＝基础课成绩表!E3"，在其后输入"＋"，接着单击 F3 单元格，再在其后输入"＋"，接着单击 G3 单元格。

③ 这时编辑栏中显示内容"＝基础课成绩表!E3＋基础课成绩表!F3＋基础课成绩表!G3"，在其后输入"＋"，接着单击"专业课成绩表"表标签，然后单击 C3 单元格，在其后输入"＋"，接着单击 D3 单元格，再在其后输入"＋"，接着单击 E3 单元格。

④ 这时编辑栏中显示内容为"＝基础课成绩表!E3＋基础课成绩表!F3＋基础课成绩表!G3＋专业课成绩表!C3＋专业课成绩表!D3＋专业课成绩表!E3"时，按回车键或单击编辑栏中的"√"，完成公式的输入，则在"计算机 1 班成绩"工作表的 D3 单元格中显示出计算结果。

⑤ 选中"计算机 1 班成绩"工作表的 D3 单元格，用鼠标拖动 D3 单元格的填充柄，向下自动填充到 D10 单元格，则从 D4～D10 单元格中均显示出计算结果来。

（2）"平均分"列数据的计算方法如下：

① 选中"计算机 1 班成绩"工作表作为当前工作表，单击 E3 单元格。

② 单击公式栏中的"插入函数"图标 f_x，在系统弹出的"插入函数"对话框中选择 AVERAGE 函数，然后单击"确定"按钮，系统弹出如图 3-7 所示的"函数参数"对话框，将光标定位在 Number1 栏，选中"基础课成绩表"工作表中的 E3:G3 作为函数参数区域；单击 Number2 栏，选中"专业课成绩表"工作表中的 C3:E3 作为函数参数区域。

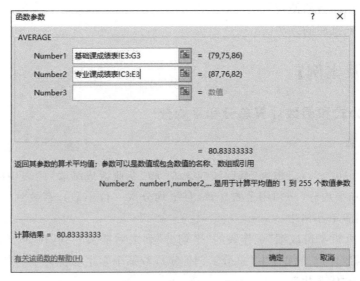

图 3-7 "函数参数"对话框

③ 单击"确定"按钮,公式输入完毕,计算结果显示在"计算机1班成绩"表的E3单元格中。

④ 选中E3单元格,右击鼠标,选择"设置单元格格式"命令,在弹出的"设置单元格格式"对话框中选择"数字"选项卡,然后在"分类"框中选择"数值",在"小数位数"微调框中选择"1"(如图3-8所示),最后单击"确定"按钮完成设置。

⑤ 选中E3单元格,用鼠标拖动E3单元格的填充柄,向下自动填充到E10单元格,则从E4～E10单元格中均显示出计算结果。

图3-8   单元格数值设置

(3) 利用IF函数评选优秀生,将评选结果显示在第F列相应的单元格中。

① 在"计算机1班成绩"工作表的"平均分"列之后插入一列,在F2单元格输入"评优"。操作步骤略。

② 单击F3单元格,单击公式栏中的"插入函数"图标f_x,在系统弹出的"插入函数"对话框的"选中函数"栏选择"IF"函数,然后单击"确定"按钮。

③ 系统弹出如图3-9所示的"函数参数"对话框,在Logical_test栏中输入逻辑条件"D3≥510",在Value_if_true栏中输入"优秀生",在Value_if_false栏中输入空格。

④ 单击"确定"按钮,公式输入完毕。此时编辑栏中显示的公式为"=IF(D3≥510,"优秀生"," ")"(注意:是英文字符型的双引号)。由于D3单元格中的值小于510,因此F3单元格的结果显示为空。

⑤ 选中F3单元格,用上述向下自动填充的方法将F4～F10单元格的值显示出来。其中F4、F8、F9单元格的值显示为"优秀生"。

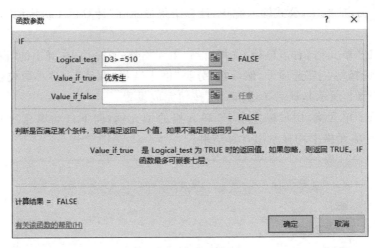

图 3-9　IF 函数参数设置

（4）计算"优秀率"。

① 在"计算机 1 班成绩"工作表的 A12 单元格输入"优秀率"，操作步骤略。

② 单击 B12 单元格，用插入函数的方法在编辑栏输入以下公式："＝COUNTIF(D3：D10,"＞＝510")/COUNT(D3：D10)"。按下回车键或单击编辑栏中的"√"，则 B12 单元格中显示出小数形式的计算结果 0.375。在"开始"选项卡上的"数字"区中，单击"百分比样式"，再单击两次"数字"区中的"增加小数位"，则 B12 单元格中显示带 2 位小数的百分比值 37.5%。另存为 test5.xlsx。

注意：COUNTIF()函数和 COUNT()函数要求被统计的单元格区域为数值型量。

2. 利用函数计算最高分和最低分

1）实验内容

（1）打开 test5.xlsx，为"基础课成绩表"表增加两行内容，分别是"最高分"和"最低分"，用函数计算该表中每门功课的最高分和最低分，存放到相应的单元格中。

（2）在每门功课为最高分的分数单元格中插入批注"最高分"。另存为 test6.xlsx。

2）操作步骤

（1）最高分和最低分的计算方法如下。

① 打开 test5.xlsx，选择"基础课成绩表"工作表作为当前工作表，在 B11 单元格中输入"最高分"，在 B12 单元格中输入"最低分"，操作步骤略。

② 选中 E11 单元格，单击公式栏中的"插入函数"图标 f_x，选中 MAX 函数。

③ 单击"确定"按钮，在系统弹出的"函数参数"对话框的 Number1 栏输入 E3：E10。

④ 单击"确定"按钮，公式输入完毕，计算结果显示在 E11 单元格中。

⑤ 选中 E11 单元格，用鼠标拖动 E11 单元格的填充柄，向右自动填充到 F11～G11 单元格，将其值显示出来。

⑥ 选中 E12 单元格,单击公式栏中的"插入函数"图标 f_x,选中 MIN 函数,"函数参数"对话框的 Number1 栏输入 E3:E10。

⑦ 单击"确定"按钮,则计算结果显示在 E12 单元格中。同样用向右自动填充的方法将 F12~G12 单元格的值显示出来。

(2) 为最高分单元格中插入批注。以"高等数学"课程为例,最高分为 96 分,位于 E4 单元格中。

选中 E4 单元格,在"审阅"选项卡上的"批注"区中,单击"新建批注"按钮,在系统弹出的编辑框中输入批注内容"最高分"。

用同样的方法为"大学英语"和"计算机基础"课程的最高分单元格插入批注,批注内容为"最高分"。另存为 test6.xlsx。

3.4　数　据　处　理

【实验目的】

- 熟练掌握数据排序的方法。
- 熟练掌握自动筛选的方法。
- 掌握高级筛选的方法。
- 熟练掌握分类汇总的方法。

【实验内容及案例】

1. 排序操作

1) 实验内容

(1) 打开 test5.xlsx 工作簿文件,对"计算机 1 班成绩表"按总分递减排序,并输入总分排名。操作结果如图 3-10 所示。另存为 test7.xlsx。

	A	B	C	D	E	F	G
1	计算机1班成绩综合成绩表						
2	学号	姓名	性别	总分	平均	评选	总排名
3	0613007	马宏军	男	538	89.7	优秀生	1
4	0613002	李红梅	女	518	86.3	优秀生	2
5	0613006	李渊博	男	517	86.2	优秀生	3
6	0613008	刘一平	男	487	81.2		4
7	0613005	王伟民	男	486	81.0		5
8	0613001	陈小霞	女	485	80.8		6
9	0613004	柳亚萍	女	482	80.3		7
10	0613003	张珊珊	女	455	75.8		8
11							
12	优秀率	37.50%					

图 3-10　简单排序样例

（2）打开"职工情况表"工作簿文件，将"职工基本情况表"工作表中的数据清单内容分别复制到 Sheet1、Sheet2 和 Sheet3 中。对 Sheet1 工作表中的记录，以"部门"为主要关键字升序、"姓名"为次要关键字降序排列。将 Sheet1 工作表标签改名为"排序结果"。

（3）对 Sheet2 中的记录，按照姓名笔画顺序升序排列。另存为 tes8.xlsx。

2）操作步骤

（1）打开 test5.xlsx 工作簿文件，选择"计算机 1 班成绩"工作表作为当前工作表，选中排序字段"总分"单元格，用以下两种方法之一实现总分排序。

方法 1：在"开始"选项卡"编辑"功能区中，选择"排序和筛选"→"降序"命令。

方法 2：在"数据"选项卡"排序和筛选"功能区中，单击"降序"按钮，在"总排名"列中输入相应的名次，另存为 test7.xlsx。

（2）打开"职工情况表"工作簿文件，选择"职工基本情况表"作为当前工作表，将数据清单内容分别复制到 Sheet1、Sheet2 和 Sheet3 工作表中，选择 Sheet1 作为当前工作表。选中数据，在"开始"选项卡"编辑"功能区中，选择"排序和筛选"→"自定义排序"命令，打开"排序"对话框，在"主要关键字"列表框中选择"部门"，并选择"升序"选项；单击"添加条件"，在"次要关键字"列表框中选择"姓名"，并选择"降序"选项，如图 3-11 所示。单击"确定"按钮，完成排序操作，将 Sheet1 工作表标签改名为"排序结果"。

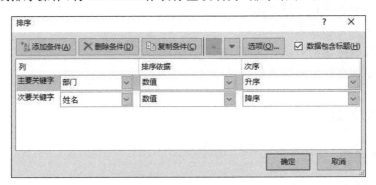

图 3-11　"排序"对话框

（3）在 Sheet2 工作表中选中全部数据，在"数据"选项卡"排序和筛选"功能区中，选择"排序"命令，打开"排序"对话框，在"主要关键字"列表框中选择"姓名"，并选择"升序"选项，在"排序"对话框中，单击"选项"按钮，在打开的"排序选项"对话框中，选择"方法"栏内的"笔画排序"，单击"确定"按钮，返回"排序"对话框，单击"确定"按钮完成排序。并仔细观察排序的结果，另存为 test8.xlsx。

2. 自动筛选操作

1）实验内容

（1）打开 test8.xlsx 工作簿文件，在 Sheet2 工作表中筛选出部门为"生产科"的员工；继续在 Sheet2 中筛选出"基本工资"超过 1000 元的人员（包括 1000 元）；再在 Sheet2 中筛选出"基本工资"的值按降序排列的前 3 条记录；最后在 Sheet2 中筛选出姓"王"的人员，另存为 test9.xlsx。

（2）打开 test9.xlsx 工作簿文件，在 Sheet2 中取消所有自动删选，筛选出"基本工资"介于 800～1500 元（包括 800 元和 1500 元）的记录；继续在 Sheet2 中筛选出"工龄"小于或等于 10 年，或者"工龄"大于或等于 15 年的记录，另存为 test10.xlsx。

2）操作步骤

（1）打开 test8.xlsx 工作簿文件，在 Sheet2 工作表中筛选出部门为"生产科"的员工：选中 Sheet2 作为当前工作表，选中数据清单中的"部门"单元格，在"开始"选项卡"编辑"功能区中，选择"排序与筛选"→"筛选"命令，则每个字段右侧增加了一个▼下拉按钮，单击"部门"单元格右侧的▼按钮，在下拉列表框中选择"生产科"，则数据清单只显示"部门"为"生产科"的记录。

继续在 Sheet2 中筛选出"基本工资"超过 1000 元的人员（包括 1000 元）：单击"基本工资"单元格右侧的▼按钮，然后选择"数字筛选"→"大于或等于"命令，在弹出的"自定义自动筛选方式"对话框中输入 1000，单击"确定"按钮完成自动筛选，如图 3-12 所示。

再在 Sheet2 中筛选出"基本工资"的值按降序排列的前 3 条记录：单击"基本工资"单元格右侧的▼按钮，在下拉列表框中选择"数字筛选"菜单中的"10 个最大的值"命令，在左边的列表框中选择"最大"，将微调按钮框中的"10"改为"3"，单击"确定"按钮完成自动筛选。

最后在 Sheet2 中筛选出姓"王"的人员：单击"姓名"单元格右侧的▼按钮，在下拉列表框中选择"文本筛选"→"开头是"命令，在弹出的"自定义自动筛选方式"对话框中输入开头字符与"王"，单击"确定"按钮完成自动筛选。另存为 test9.xlsx。

（2）打开 test9.xlsx 工作簿文件，在 Sheet2 中筛选出"基本工资"介于 800～1500 元（包括 800 元和 1500 元）的记录，操作如下：打开 sheet2，在"开始"选项卡"编辑"功能区中，选择"排序与筛选"→"筛选"命令，取消自动筛选，再次单击"筛选"按钮，单击"基本工资"单元格右侧的▼按钮，在下拉列表框中选择"数字筛选"→"自定义筛选"命令，在"自定义筛选方式"对话框中，按图 3-13 所示内容选择和设置相应项，单击"确定"按钮完成自动筛选。

图 3-12　"自定义自动筛选方式"对话框

图 3-13　按两个条件相"与"筛选

继续在 Sheet2 中筛选出"工龄"小于或等于 10 年,或者"工龄"大于或等于 15 年的记录:单击"工龄"单元格右侧的▼按钮,在下拉列表框中选择"数字筛选"→"自定义筛选"命令,在"自定义筛选方式"对话框中填写如图 3-14 所示的条件,单击"确定"按钮完成自动筛选。另存为 test10.xlsx。

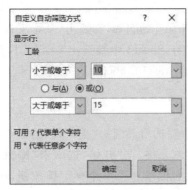

图 3-14　按两个条件相"或"筛选

注意:

(1) 按同一列的两个条件进行筛选时,要注意两个条件之间的关系,正确地选择"自定义筛选方式"对话框中的"与"或"或"按钮。

(2) 按不同字段的多个条件筛选时,多个条件间只能是"与"的关系。

3. 高级筛选操作

1)实验内容

(1) 打开"职工情况表"工作簿文件,新建表单 Sheet2,复制"职工基本情况表"中数据到 Sheet2 中,在 Sheet2 中筛选出"基本工资"超过 1000 元的人员(包括 1000 元),并将筛选结果保存到 A21 单元格开始的位置上。在 Sheet2 中筛选出部门为"技术科"的人员,将筛选结果在原位置显示。

(2) 清除之前的高级筛选结果,在 Sheet2 中筛选出"基本工资"介于 800～1500 元(包括 800 元和 1500 元)的记录,并将筛选结果保存到 D21 单元格开始的位置上。在 Sheet2 中筛选出"奖金"小于或等于 120 元,或者"奖金"大于或等于 200 元的记录,并将筛选结果保存到 K3 单元格开始的位置上。

(3) 删除之前的高级筛选结果。在 Sheet2 中筛选出"部门"为"技术科","性别"为"男"的记录,筛选结果在原位置显示。在"职工基本情况表"中筛选出"基本工资"达到或超过 1500 元,或者"职称"为"高工"的记录,筛选结果放到 A21 开始的位置。并将结果文件另存为 test11.xlsx。

(4) 筛选出"学生成绩管理.xlsx"工作簿的"基础课成绩"工作表中至少有一门课程不及格的记录,将筛选结果保存到 B12 单元格开始的位置上,并将结果文件另存为 test12.xlsx。

2)操作步骤

(1) 打开"职工情况表"工作簿文件,新建表单 Sheet2,复制"职工基本情况表"中数据到 Sheet2 中,然后在数据清单的右侧(或下方)空白处输入筛选条件。例如,将列名"基本工资"复制到 K1 单元格(或在 K1 单元格中输入"基本工资"),在 K2 单元格中输入条件值">=1000",如图 3-15 所示,单击数据清单内的任意单元格,在"数据"选项卡"排序和筛选"功能区中,单击"高级"按钮,弹出"高级筛选"对话框。然后进行如图 3-16 所示的设置,选中"列表区域"为 A1:I18,选中"条件区域"为 K1:K2,在"方式"栏内选中"将筛选结果复制到其他位置",在"复制到"文本框中单击"切换"按钮,返回工作表,单击 A21 单元格,然后再次单击"切换"按钮,返回"高级筛选"对话框,单击"确定"按钮,则筛选结果显示在 A21 单元格开始的位置上。

将 A21:I33 区域和 K1:K2 区域的内容删除,删除上一次高级筛选条件和筛选结果。在 K1:K2 区域输入如图 3-17 所示的筛选条件,单击数据清单内的任意单元格;在"数据"选项卡"排序和筛选"功能区中,单击"高级"按钮,在如图 3-16 所示"高级筛选"对话框的"方式"栏内选中"在原有区域显示筛选结果",此时"复制到"文本框呈现灰色不可用状态。其他设置与图 3-16 相同,单击"确定"按钮,则筛选结果显示在数据清单原来的位置上。

图 3-15　数值型条件　　图 3-16　"高级筛选"对话框　　图 3-17　字符型条件

（2）在"数据"选项卡"排序和筛选"功能区中,单击"清除"按钮,撤销上一次高级筛选的结果。高级筛选操作步骤同上,条件区域的设置如图 3-18 所示,在如图 3-16 所示的"高级筛选"对话框中,"条件区域"文本框设置为"Sheet2!＄K＄1:＄L＄2","复制到"文本框中设置为"Sheet2!＄D＄21",单击"确定"按钮,则筛选结果显示在 D21 单元格开始的位置上。

将 D21:L30 区域和 K1:L2 区域的内容删除,删除上一次高级筛选条件和筛选结果。在 K1:K3 区域输入如图 3-19 所示的筛选条件,高级筛选操作步骤同上。

图 3-18　同一行两个条件相"与"　　图 3-19　同一列两个条件相"或"

（3）删除上一次高级筛选条件和筛选结果。高级筛选操作步骤略,sheet2 条件区域如图 3-20 所示。"职工基本情况表"条件区域如图 3-21 所示。并将结果文件另存为 test11.xlsx。

图 3-20　不同列两个条件相"与"　　图 3-21　不同行两个条件相"或"

（4）打开"学生成绩管理"工作簿文件，选中"基础课成绩"工作表作为当前工作表，设置如图 3-22 所示的条件区域。高级筛选操作步骤同上。并将结果文件另存为 test12.xlsx。

高等数学	大学英语	计算机基础
<60		
	<60	
		<60

图 3-22　多个筛选条件相"或"

提示：上述操作的筛选结果为空。可适当修改数据清单中某些成绩的值，使之包含满足条件的记录。

注意：进行高级筛选操作时，需要注意以下几点。

（1）掌握数据清单的概念。

① 数据清单的每一列必须有且只能有唯一的一个名字。

② 同一列中的数据具有相同的数据类型。

③ 一个数据清单内不允许有空行、空列或空白单元格。

④ 一张工作表中可以存放多个数据清单，但两个数据清单之间最好要有空行或空列隔开。

⑤ 数据清单内不允许有合并单元格操作后形成的单元格。

（2）筛选条件的输入规则。

① 条件区域也是一个数据清单，为了避免和原始数据混淆，建议与被筛选的原始数据清单之间隔开至少一行或一列。

② 在输入条件时，建议尽量用复制的方法形成筛选条件中用到的列名或条件值，以免出错。

③ 条件值一定要存在，且条件值必须在列名下方单元格中输入。

④ 按两个或两个以上条件筛选时，不管条件之间是"与"，还是"或"，条件中用到的列名都要在同一行中并且连续输入。

⑤ 当条件之间是"与"的关系时，它们的条件值必须写在同一行上；当条件之间是"或"的关系时，它们的条件值必须写在不同行上。

（3）"撤销上一次高级筛选"的操作仅对筛选方式为"在原有区域显示筛选结果"的筛选操作有效，而对于筛选方式为"将筛选结果复制到其他位置"的筛选操作是无效的。对于后者，只能删除筛选结果。

4. 分类汇总操作

1）实验内容

（1）对"职工情况表"工作簿的"职工基本情况表"中的记录，计算并查看各部门基本工资和实发工资的总和。并将结果文件另存为 test13.xlsx。

（2）在第（1）步分类汇总的基础上，查看各部门中每一种职称的最低基本工资和最低实发工资值，并将结果文件另存为 test14.xlsx；在第（1）步分类汇总的基础上，查看各部门中每一种职称的人数，并将结果文件另存为 test15.xlsx。

2）操作步骤

（1）打开"职工情况表"工作簿文件，选择数据清单内的任意一个单元格，在"数据"选项卡"排序和筛选"功能区中,单击"排序"按钮,在弹出的"排序"对话框中,在"主要关键字"下拉列表中选择"部门",单击"添加条件"按钮,在"次要关键字"下拉列表中选择"职称",单击"确定"按钮。在"数据"选项卡"分级显示"功能区中,单击"分类汇总"按钮,在弹出的"分类汇总"对话框中,单击"分类字段"下方的列表框,选择"部门",单击"汇总方式"下方的列表框,选择"求和",在"选定汇总项"下方的列表框,选中"基本工资"和"实发工资"前面的复选框,如图 3-23 所示,单击"确定"按钮完成分类汇总操作。依次单击数据清单左侧的"1""2""3"按钮和"+""-"按钮分级显示数据,仔细观察执行结果。并将结果文件另存为 test13.xlsx。

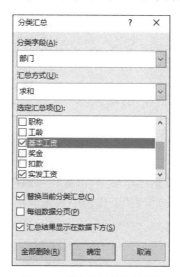

图 3-23　"分类汇总"对话框

（2）查看各部门中每一种职称的最低基本工资和最低实发工资值,操作如下:打开 test13.xlsx 文件,选择数据清单内的任意一个单元格,在"数据"选项卡"分级显示"功能区中,单击"分类汇总"按钮,在弹出的"分类汇总"对话框中,单击"分类字段"下方的列表框,选择"职称";单击"汇总方式"下方的列表框,选择"最小值";"选定汇总项"下方的列表框内容不变,清除"替换当前分类汇总"复选框,单击"确定"按钮完成分类汇总操作。并将结果文件另存为 test14.xlsx。

查看各部门中每一种职称的人数,操作如下:打开 test13.xlsx 文件,用以上同样方法再次打开"分类汇总"对话框,在"分类字段"下方的列表框中选择"职称";在"汇总方式"下方的列表框中,选择"计数";在"选定汇总项"下方的列表框中选择"职称",取消选中"基本工资"和"实发工资"前面的复选框,取消选中"替换当前分类汇总"复选框。单击"确定"按钮完成分类汇总操作。并将结果文件另存为 test15.xlsx。

注意:进行分类汇总操作时,需要注意以下几点:

（1）分类汇总的功能是将数据清单中的每类数据进行汇总。该命令不具备把同一类数据排列在一起的功能。如果在汇总之前,没有先按分类字段进行排序,则该命令将不能起到汇总的作用。

（2）分类汇总的前提条件是:必须先按照分类字段排序,然后再做分类汇总。

（3）在汇总之前做排序时,排序关键字段必须和分类汇总所用的分类字段保持一致。

3.5　数据图表化

【实验目的】

- 掌握创建图表的方法。
- 掌握图表的编辑和格式化。

- 熟练掌握图表工具栏的使用。
- 掌握工作表的页面设置和打印预览方法,学会使用分页显示。

【实验内容及案例】

1. 创建图表

1)实验内容

(1) 打开"学生成绩管理"工作簿文件的"专业课成绩表",根据"姓名""操作系统"和"数据库原理"列的数据,创建如图 3-24 所示的三维簇状柱形图表,图表的位置位于"专业课成绩表"工作表中数据清单的下方。并将结果文件另存为 test16.xlsx。

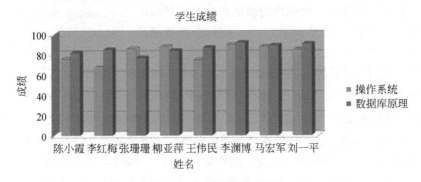

图 3-24　三维簇状柱形图

(2) 打开"销售统计表"工作簿文件,利用 Sheet1 工作表中的数据,创建第四季度各分公司销售额的三维饼图,图表的标题为"第四季度销售额统计",并用百分比表示比例,将图表作为独立的工作表存放在文件中。并将结果文件另存为 test17.xlsx。

2)操作步骤

(1) 创建嵌入式图表,步骤如下。

① 打开"学生成绩管理"工作簿文件,将"专业课成绩表"选择为当前工作表。选择数据清单中 8 位同学的"姓名""操作系统"和"数据库原理"列的数据,即(B1:B9)和(D1:E9)单元格区域(按住 Ctrl 键可以选中数据)。

② 在"插入"选项卡"图表"功能区中,单击"插入柱形图或条形图"按钮,在下拉列表中选择"三维柱形图"下的"三维簇状柱形图",弹出如图 3-25 所示的三维柱形图图表。选择该图表,使之成为活动窗口。

③ 在"图表工具"下的"设计"选项卡"图表布局"功能区中,在"添加图表元素"下拉列表中,选择"图例"→"右侧";在"添加图表元素"下拉列表中选择"轴标题"→"主要横坐标轴",修改为"姓名","主要纵坐标轴"修改为"成绩",再次点击"轴标题"→"更多轴标题选项",右边弹出"设置坐标轴标题格式"设置窗口,再次选中轴标题"成绩",然后在"文本选项"→"文本框"中文字方向选择"横排";将图表标题改为"学生成绩";双击数值轴,在"设

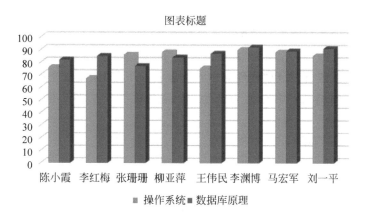

图 3-25 三维柱形图图表

置坐标轴格式任务窗格"中打开"坐标轴选项",在"最大值"框中输入"100",在"主要刻度单位"输入"20";选中图表背景空白处,右击鼠标,在快捷菜单中选择"设置背景墙格式",在右边任务窗格中选择"填充"下的"纯色填充",选择相应的颜色,关闭任务窗格。

④ 选中刚生成的图表对象,将它拖放到数据清单下方适当的位置,然后单击图表区右边框中间的小黑方块并拖动,以加大图表宽度,使 X 轴上的学生姓名能全部显示出来。操作结果如图 3-24 所示,并将结果文件另存为 test16.xlsx。

(2) 创建独立的图表工作表,步骤如下。

① 打开"销售统计表"工作簿文件,选中 Sheet1 工作表中的(A2：A6)和(E2：E6)单元格区域作为图表数据源。

② 在"插入"选项卡"图表"功能区中,单击"插入饼图或圆环图",选择其中的"三维饼图"。

③ 输入标题：单击图表标题区域,在其中输入"第四季度销售额统计"。然后在"图表工具"→"设计"选项卡"图表布局"功能区中,在"添加图表元素"下拉列表中,选择"数据标签"→"其他数据标签选项",弹出"设置数据标签格式"任务窗格,在其中的"标签选项"栏里选择"百分比",在"标签位置"栏里选择"数据标签外",结果如图 3-26 所示。

④ 选择图表,在"设计"选项卡上的"位置"区中,单击"移动图表"按钮,在弹出的"移动图表"对话框中选择"新工作表",单击"确定"按钮,则生成独立的图表工作表,工作表标签名默认为 Chart1,并将结果文件另存为 test17.xlsx。

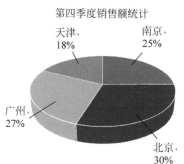

图 3-26 独立图表的插入操作样例

2. 图表的编辑和修改

1) 实验内容

(1) 对如图 3-24 所示的图表进行如下设置。

① 设置图表的标题的字体：隶书 20 磅。

② 设置坐标轴标题的字体：宋体加粗 12 磅，数值轴标题为竖排文字方向。

③ 设置数值轴的刻度最小值为 50，主要刻度单位为 15。

④ 设置图表区圆角，效果为"右下斜偏移"的预设阴影边框线和信纸纹理。

⑤ 设置绘图区蓝、白双色"线性对角—右上到左下"的渐变填充样式。

⑥ 设置图例的格式：填充色为红色，位置在底部。并将结果文件另存为 test18. xlsx。

以上操作的结果如图 3-27 所示。

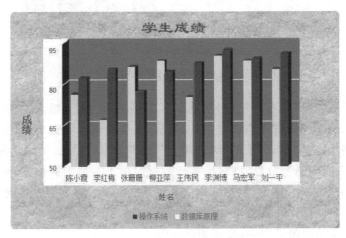

图 3-27　图表格式化样例

（2）对如图 3-27 所示的图表进行如下操作。

① 将表中 8 名学生的"数据结构"成绩添加到图表中。

② 删除图表中的"数据库原理"成绩。

③ 将陈小霞的"操作系统"成绩由 76 分改为 95 分。并将结果文件另存为 test19. xlsx。

（3）将如图 3-26 所示的图表改为"数据点折线图"，为该图表添加分类轴标题"分公司"和数值轴标题"销售额"，添加数值轴主要网格线。并将结果文件另存为 test20. xlsx。

2）操作步骤

（1）打开 test16. xlsx 文件，格式化操作如下：

① 格式化标题：选中标题文字，在"开始"选项卡"字体"功能区设置相对应的字体格式，隶书 20 磅。

② 格式化坐标轴标题"成绩"：在"开始"选项卡"字体"功能区设置相对应的字体格式：宋体加粗 12 磅，在"对齐方式"选项卡中，设置文字方向为"竖排文字"。

③ 格式化数值轴：选中数值轴，右击，选择快捷菜单中的"设置坐标轴格式"命令，打开"设置坐标轴格式"任务窗格，在"坐标轴选项"选项卡中，输入最小值为"50"，主要刻度单位为"15"，单击"关闭"按钮。

④ 格式化图表区：选择图表区右击，选择快捷菜单中的"设置图表区域格式"命令，

在弹出的"设置图表区格式"任务窗格中,选择"填充"下的"图片或纹理填充",在"纹理"中选择"信纸",然后选中"边框"中的"圆角"复选框;在"图表选项"→"效果"下选中"阴影"下的"预设"下拉列表中的"右下斜偏移",单击"关闭"按钮。

⑤ 格式化绘图区:选择绘图区,右击该区域,然后选择快捷菜单中的"设置绘图区格式"命令,单击"填充"按钮,选择右边的"渐变填充",在"渐变光圈"滑杆上保留 2 个渐变光圈,左侧光圈选蓝色,右侧光圈选白色,"方向"选"线性对角—右上到左下",单击"关闭"按钮。

⑥ 格式化图例:选择图例右击,选择快捷菜单中的"设置图例格式"命令,打开"设置图例格式"任务窗格,在"填充"下选择"纯色填充",填充颜色选择"红色";单击"图例选项",图例位置选择"底部",单击"关闭"按钮,再适当调整图表大小。并将结果文件另存为 test18. xlsx。

(2) 图表中数据系列的添加、删除和单个数据修改操作步骤如下。

① 打开 test18. xlsx,添加数据系列:选中"数据结构"列所在的区(C1:C9),按Ctrl+C组合键复制数据,然后选择图表区,按 Ctrl+V组合键粘贴即可。

② 删除数据系列:在图表中选中任意一个表示"数据库原理"的数据,由此选择图表中的"数据库原理"数据系列,然后按 Delete 键完成删除操作。

③ 修改单个数据:直接将陈小霞的"操作系统"成绩所在的 D3 单元格的内容改为95,此时图表中相应的柱形将升高。并将结果文件另存为 test19. xlsx。

(3) 改变图表类型、图表选项和位置的操作步骤如下。

① 打开 test17. xlsx 文件中 chart1,改变图表类型:右击图表区,在弹出的快捷菜单中选择"更改图表类型"命令,在"更改图表类型"对话框的左侧选择"折线图",在右侧折线图区域选择"带数据标记的折线图",单击"确定"按钮。

② 添加图表选项:选择图表区,在"图表工具"→"设计"选项卡"图表布局"功能区中,在"添加图表元素"下拉列表中,选择"轴标题"命令,设置相应的横坐标轴和纵坐标轴标题;在"添加图表元素"下拉列表中,选择"网格线"命令,选择"主轴主要垂直网格线"命令。并将结果文件另存为 test20. xlsx。

3. 工作表的页面设置和打印预览

1) 实验内容

(1) 页面设置,内容如下。

① 用 A4 纸横向打印"学生成绩管理"工作簿的"基础课成绩表"工作表,打印缩放比例为 85%。

② 设置上、下页边距为 3 厘米,左、右页边距为 1.5 厘米,页眉页脚的页边距为 2 厘米;文档水平、垂直居中。

③ 页眉内容为"学生成绩统计表"(居中对齐)、系统日期(右对齐),所有字体为黑体、10 磅;页脚为页码(居中对齐)。

④ 打印网格线和行号列标。

⑤ 预览设置效果,并将结果文件另存为 test21. xlsx。

(2) 分页预览:在"学生成绩管理"工作簿的"基础课成绩表"中,在 A12 单元格中输入"成绩统计",如图 3-28 所示,插入分页符。使用"分页预览"视图查看效果。

图 3-28　分页设置样例

2) 操作步骤

(1) 页面设置的操作步骤如下。

① 打开"学生成绩管理"工作簿文件,选择"基础课成绩表"工作表作为当前工作表。

② 在"文件"选项卡上选择"打印"命令,单击左侧底部的"页面设置"超链接,弹出"页面设置"对话框。

③ 在"页面"选项卡中选中"横向"单选按钮,输入"缩放比例"为 85,选择"纸张大小"为默认值 A4。

④ 在"页边距"选项卡中输入上、下页边距为 3 厘米,左、右页边距为 1.5 厘米,页眉页脚的页边距为 2 厘米;选中"居中方式"下的"水平"和"垂直"复选框。

⑤ 在"页眉/页脚"选项卡中,单击"自定义页眉"按钮,将插入点定位于"中"列标框中,单击"字体"按钮 Ａ,选择黑体、10 磅字体,输入"学生成绩统计表";将插入点定位于"右"列标框中,设置字体,单击"插入日期"按钮 、,单击"确定"按钮;在"页脚"下拉列表中,选择"第 1 页"。

⑥ 在"工作表"选项卡中,选中"网格线"复选框和"行号列标"复选框,单击"确定"按钮,观察右侧窗格中的打印设置效果。并将结果文件另存为 test21. xlsx。

(2) 分页预览的操作步骤如下。

① 打开 test21. xlsx,单击"基础课成绩表"工作表作为当前工作表,在 A12 单元格中输入"成绩统计"。

② 插入分页符:选中 A12 单元格,选择"页面布局"选项卡上的"页面设置"区中的"分隔符"下拉列表中的"插入分页符"命令。

③ 使用"分页预览"视图:选择"视图"选项卡上的"工作簿视图"区中的"分页预览"命令,分页效果如图 3-28 所示。

④ 选择"视图"选项卡上的"工作簿视图"区中的"普通"命令恢复普通视图,并按原文

件名保存。

3.6 综合练习

1. 操作题要求

3.1 对题 3.1 的素材进行以下操作,操作完毕,将结果以 test1.xlsx 文件名存盘,结果如图 3-29 所示。

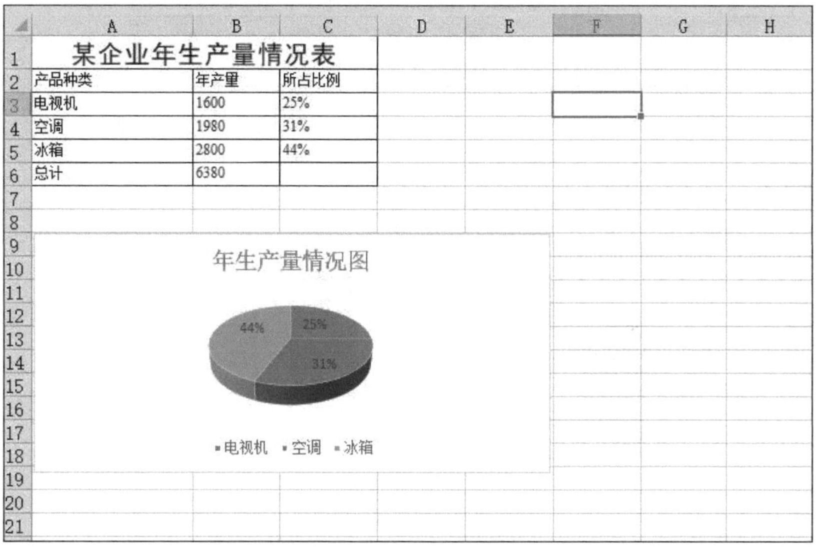

图 3-29 题 3.1 素材

(1) 将工作表 Sheet1 中的 A1 到 C1 单元格合并为一个单元格,内容居中,并设为黑体 16 磅。

(2) 计算"年产量"列中的"总计"项以及"所占比例"列,并将所占比例设置百分比格式显示,将工作表标签设置为红色,并命名为"年生产量情况表"。

(3) 将"年生产量情况表"按"年产量"从小到大排序:取"年生产量情况表"的"产品种类"列和"所占比例"列的内容(不包括"总计"行)建立"三维饼图",设置数据标签居中显示,标题为"年生产量情况图"并插入到表的 A9 到 E18 区域内。

3.2 对题 3.2 的素材(图 3-30)做以下操作,操作完毕的结果如图 3-31 所示,将结果以 test2.xlsx 文件名存盘。

(1) 在 G 列中,增加合计列,并用公式计算出每个项目逐年的合计。为"项目"单元格加批注,批注内容为你本人的姓名,并设置隐藏批注。

(2) 将数据列表 A1:G6 区域套用"表样式浅色 15"格式,并对合计值数据设置"货币样式"。

(3) 生成一个销售收入与销售成本对比的柱型图表,最大刻度为 1600,主要刻度单位为400。

	A	B	C	D	E	F
1	项目	1998年	1999年	2000年	2001年	2002年
2	产品销售收入	900	1015	1146	1226	1335
3	产品销售成本	701	792	991	1008	1068
4	产品销售费用	10	11	12	16	20
5	产品销售税金	49.5	55.8	63	69.2	73
6	产品销售利税	139.5	156.2	160	172.8	174

图 3-30 题 3.2 素材

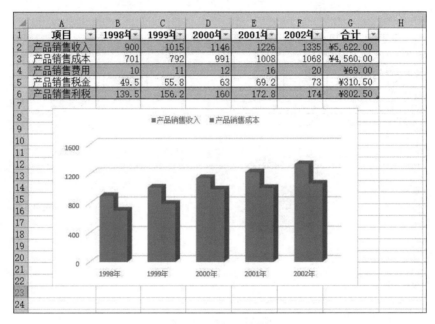

图 3-31 题 3.2 样张

3.3 对题 3.3 的素材(图 3-32)按图 3-33 所示的样张进行以下操作,操作完毕,将结果以 test3.xlsx 文件名存盘。

(1) 按样张设置第一张表的标题:黑体 18 磅,下画双线,跨列居中;小标题移动到表的右侧,并设置右对齐,斜体。

(2) 按样张对第一张表用公式进行计算,结果均保留 2 位小数。

(3) 按样张第一张表设置数据对齐、自动调整行高和列宽,按样张加分隔线,加浅灰色底纹。

(4) 按样张格式将第二张表按材料名称进行分类汇总,并按样张设置分类汇总表格格式。

(5) 按样张对第一张表在 G11:L33 区域中作图。

(6) 将纸张大小设为 A4,横向打印,设置上下页边距均为 2 厘米,取消打印网格线。

3.4 对题 3.4 的素材(图 3-34)进行以下操作,操作完毕,将结果以 test4.xlsx 文件名存盘。

(1) 按如图 3-35 所示的样张对 Sheet1 中的工作表标题进行格式化(占两行,上下左

	南京分公司	无锡分公司	江阴分公司	太仓分公司	产品合计
电机	31.47	12.44	21.6	8.12	
变压器	12.86	6.32	10.09	4.15	
控制柜	14.55	6.88	11.87	5.35	
线缆	2.38	0.91	1.45	0.85	
分公司占总公司的比例					
电机占本公司的比例					
公司年度总计					

南方机电公司年度销售统计
统计单位:万元

材料编号	材料名称	规格	密度	比热	导热系数
612456	铬钢	CR13	7740	460	26.8
651249	镍钢	NI44	8190	460	15.8
903023	碳钢	C0.5	7840	465	49.8
903443	碳钢	C1.5	7830	470	36.7
706045	铜合金	C1	8920	410	22.2
723038	铜合金	B	8970	405	22.6
755046	铜合金	H	8620	456	21.8
601253	镍钢	NI3.5	7910	460	36.5
913041	碳钢	C1.0	7790	470	43.2
610452	铬钢	CR5	7830	460	36.1
646573	镍钢	NI50	8260	460	19.6

图 3-32 题 3.3 素材

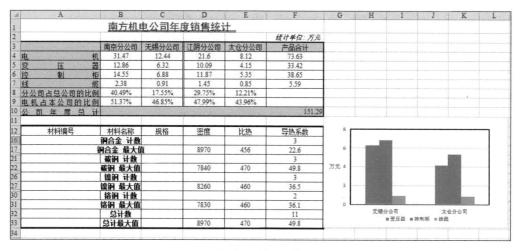

图 3-33 题 3.3 样张

右均居中,14 磅字,粗体,灰色底纹)。

（2）在 Sheet1 工作表中计算平均销售额和销售合计。按样张对表格进行格式化操作（其中平均销售额取两位小数，销售合计取整，边框设置如样张所示）。

（3）对表中数据设定条件格式（5 种产品每年销售额在 200 000 元以下的数据为红色字体）。

（4）按样张所示在 A11:G19 创建图表，并进行编辑。

（5）将 Sheet3 中上海籍非党员且计算机考试成绩在 75 分以上的学生名单筛选出来。

（6）将 Sheet2 中计算机考试成绩先按性别，再按成绩由高低进行排序。

	A	B	C	D	E	F	G	H
1								
2	第一集团销售1991-1995年利润表							
3		1991	1992	1993	1994	1995	平均销售额	
4	产品一	234567.5	345789.2	324568.9	452315.3	567823.6		
5	产品二	123456.2	183456.7	193456.7	201232.3	221345.7		
6	产品三	89000.1	90235.1	102345.2	345678.1	355678.9		
7	产品四	345678.2	435678.3	237856.9	437656.5	345555.8		
8	产品五	123456.7	102345.7	115678.8	326789.6	334567.8		
9	销售合计							
10								

	A	B	C	D	E	F	G	H
1	学号	姓名	性别	出生年月	籍贯	计算机成绩	中共党员	
2	890331	崔勇	男	3/2/68	江苏	78	FALSE	
3	890104	李宁	男	2/7/68	河北	87	FALSE	
4	890101	汪向东	男	12/5/67	上海	67	FALSE	
5	890145	陈刚	男	12/1/67	上海	84	FALSE	
6	890110	刘洋	男	11/12/67	河南	79	TRUE	
7	890227	周家棋	男	7/31/67	浙江	92	FALSE	
8	890203	余利平	男	6/18/67	北京	56	TRUE	
9	890225	方晓峰	男	4/2/67	浙江	79	FALSE	
10	890241	曹志军	女	1/1/69	江西	89	FALSE	
11	890337	马志明	女	10/25/68	北京	67	FALSE	
12	890132	毛以超	女	5/1/68	湖南	45	TRUE	
13	890302	余海萍	女	1/5/68	江苏	87	FALSE	
14	890121	张立	女	11/12/67	上海	65	FALSE	
15	890126	陈丽红	女	9/1/67	江西	90	FALSE	
16	890223	李冰	男	9/12/80	上海	90	FALSE	
17								

图 3-34 题 3.4 素材(共 2 页)

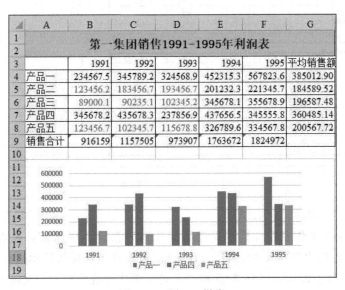

图 3-35 题 3.4 样张

3.5 对题 3.5 的素材进行以下操作,操作完毕,将结果以 test5.xlsx 为文件名存盘。

(1) 插入一个表单"考试 2",将"考试 1"表单内容复制到"考试 2"表单。

(2) 在"考试 1"中操作,将第 3 行与第 8 行交换,按课程分类汇总统计出两门课程期中和期末考试的平均分。

（3）给“考试 2”表单右边加一列，为“期中期末总平均”，把每个学生期中期末的总平均成绩用公式填入。全部数据表格加黄色底纹，每个单元格加红色边框。

（4）在“考试 2”中操作，进行高级筛选，将期中成绩<60 分且期末成绩≥60 分的学生记录筛选出来，筛选后存放到同一个工作表 H10 开始处。

3.6　对题 3.6 的素材进行以下操作，操作完毕，将结果以 test6. xlsx 为文件名存盘。

（1）对 Sheet1 格式化标题：华文行楷，20 磅字，双下画线，自动调整行高，合并单元格居中对齐并加黄色底纹。

（2）利用公式计算每位职工的应发工资和税金（应发工资≤2000 元时，税金为应发工资×3%；应发工资>2000 元时，税金为应发工资×5%）及实发工资，实发工资要求使用 INT 函数取整，按样张将单元格中内容居中对齐，加边框线。

（3）按样张在 A15:H30 区域作图，设置标题为华文新魏，16 磅，图例文字为宋体，10 磅，设置绘图区背景颜色为“白色，背景 1，深色 25%”，如图 3-36 的样张 1 所示。

新民学院教师薪水汇总（一月份）

部门	姓名	职称	工资	奖金	应发工资	税金	实发工资
经济系	叶纷	讲师	1033	200	1233	36.99	1196
化学系	刘强	讲师	1299	200	1499	44.97	1454
中文系	王红	副教授	2500	180	2680	134	2546
经济系	孙宾	教授	2794	180	2974	148.7	2825
经济系	王一一	副教授	2670	180	2850	142.5	2707
经济系	王书同	副教授	2640	180	2820	141	2679
中文系	魏军	讲师	1180	180	1360	40.8	1319
化学系	李娜	助教	930	200	1130	33.9	1096
生物系	周红	助教	890	200	1090	32.7	1057

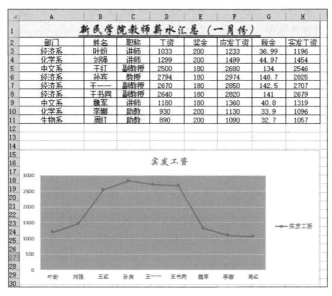

图 3-36　题 3.6 样张 1

（4）将 Sheet2 改名为“学生成绩表”，计算每位学生期中期末的平均分，保留 2 位小数，并筛选出期末成绩最好的前 5 名按期末成绩降序排列，如图 3-37 样张 2 所示。

	A	B	C	D	E
1	学生成绩表				
2	姓名	期中	期末	平均	
3	王小平	76	87	81.50	
6	何未明	56	87	71.50	
8	王立	87	78	82.50	
9	江山	77	76	76.50	
10	立宏	67	70	68.50	
12					

图 3-37　题 3.6 样张 2

2. 操作提示

3.1 操作步骤如下。

(1) 选中 A1:C1 单元格区域,在"开始"选项卡"对齐方式"功能区中,单击"合并后居中"按钮。选中 A1 单元格,在"开始"选项卡"字体"功能区中,将字体设置为黑体,字号设置为 16 磅。

(2) 选中 B3:B5 单元格区域,在"开始"选项卡"编辑"功能区中,单击"自动求和"按钮。选中 C3 单元格,输入"=B3/$B$6",按回车键确认,再次选中 C3 单元格,单击数字功能区上的"百分比样式"按钮,保持选中 C3 单元格,将鼠标指针移到该单元格右下角的自动填充柄上,当鼠标指针变为实心"+"形状时,按住鼠标左键向下拖动到 C5 单元格;右击工作表标签,在快捷菜单中选择"工作表标签颜色"命令,在弹出的"主题颜色"对话框中选择红色。双击工作表标签,输入"年生产量情况表",然后在工作表空白处单击。

(3) 单击"年产量"列中的任一个单元格,然后在"开始"选项卡"编辑"功能区中,选择"排序和筛选"→"升序"命令。

(4) 同时选中 A2:A5 和 C2:C5 区域,在"插入"选项卡"图表"功能区中,选择"插入饼图或圆环图"下拉列表中的"三维饼图",然后双击图表标题,修改标题为"年生产量情况图";右击饼图,选择"添加数据标签"命令,再次右击饼图,选择"设置数据标签格式"命令,在任务窗格中设置数据标签位置"居中"。将刚建立的图表拖放到 A9:E18 区域,并作适当的缩放。完成后将文件另存为 test1.xlsx。

3.2 操作步骤如下。

(1) 选中 G1 单元格,在其中输入内容"合计",选中 B2:G2 区域,在"开始"选项卡"编辑"功能区中,单击"自动求和"按钮。选中 G2 单元格,将鼠标指针移到该单元格右下角的自动填充柄上,当鼠标指针变为实心"+"形状时,按住鼠标左键向下拖动到 G6 单元格。

(2) 选中 A1 单元格右击,在弹出的快捷菜单中选择"插入批注"命令,在批注框中输入你的姓名。单击工作表空白处结束批注的输入。选中 A1 单元格右击,在弹出的快捷菜单中选择"隐藏批注"命令。

(3) 选中 A1:G6 区域,在"开始"选项卡"样式"功能区中,单击"套用表格格式"下拉列表,选择"表样式浅式 15",单击"确定"按钮。选中 G2:G6 区域,在"开始"选项卡"数字"功能区中,单击"常规"旁边的箭头,然后选择"货币"命令,设置货币样式。

(4) 选中 A1:F3 区域,在"插入"选项卡"图表"功能区中,选择"插入柱形图或条形图"→"三维簇状柱形图",如果插入图表和样张不同,尝试使用"图表工具"设计选项卡"数据"功能区中的"切换行和列"命令。选中已生成的图表,使之变为活动窗口,然后在"图表工具"→"设计"选项卡"图表布局"功能区中,在"添加图表元素"下拉列表中,选择"图例"→"顶部","图表标题"→"无";双击数值轴,在"设置坐标轴格式"任务窗格中打开"坐标轴选项",在"最大值"框中输入 1600,在"主要刻度单位"输入 400,单击"关闭"按钮。将刚建立的图表拖放到适当位置。完成后将文件另存为 test2.xlsx。

3.3 操作步骤如下。

(1) 设置大标题格式:选中 A1 单元格,在"开始"选项卡"字体"功能区中,利用格式按钮将字体设为黑体,字号为18磅,设置"双下画线";保持选中A1单元格,在编辑栏中删除标题前后的空格;选中标题区域A1:F1,在"开始"选项卡"对齐方式"功能区中,单击"合并后居中"按钮。

设置小标题格式:将A2单元格的内容移动到F2单元格;选中F2单元格,在"开始"选项卡"对齐方式"功能区中,单击"右对齐"按钮;在"开始"选项卡"字体"功能区中,单击"倾斜"按钮。

(2)计算"产品合计"列:选中B4:E4区域,在"开始"选项卡"编辑"功能区中,单击"自动求和"按钮。选中F4单元格,将鼠标指针移到该单元格右下角的自动填充柄上,当鼠标指针变为实心"+"形状时,按住鼠标左键向下拖动到F7单元格。选中F4:F7区域,单击"开始"选项卡"数字"功能区上的"增加小数位数"按钮或者"减少小数位数"按钮来调整小数位(保留2位小数)。

计算"公司年度总计":选中B10:F10区域,在"开始"选项卡"对齐方式"功能区中,单击"合并后居中"按钮,然后再单击"右对齐"按钮。选中F10单元格,在"开始"选项卡"编辑"功能区中,单击"自动求和"按钮,用鼠标重新选中求和区域F4:F7,然后按回车键即可。

计算"分公司占总公司的比例":选中B8单元格,输入"=(B4+B5+B6+B7)/$F$10",按回车键确认。保持选中B8单元格,在"开始"选项卡"数字"功能区中,单击"百分比样式"按钮,然后单击两次"增加小数位数"按钮(保留2位小数)。保持选中B8单元格,将鼠标指针移到该单元格右下角的自动填充柄上,当鼠标指针变为实心"+"形状时,按住鼠标左键向右拖动到E8单元格。

计算"电机占本公司的比例":选中B9单元格,输入"=B4/(B4+B5+B6+B7)",按回车键确认。保持选中B9单元格,在"开始"选项卡"数字"功能区中,单击"百分比样式"按钮,单击两次"增加小数位数"按钮(保留2位小数)。保持选中B9单元格,将鼠标指针移到该单元格右下角的自动填充柄上,当鼠标指针变为实心"+"形状时,按住鼠标左键向右拖动到E9单元格。

(3)表格内容对齐:选中A4:A10区域,单击"开始"选项卡"对齐方式"功能区右下角按钮,打开"设置单元格格式"对话框,单击"对齐"选项卡,在"水平对齐"下拉列表中选择"分散对齐(缩进)";在"垂直对齐"下拉列表中选择"居中",然后单击"确定"按钮。选中B3:F9区域,同样在"设置单元格格式"对话框里单击"对齐"选项卡,在"水平对齐"下拉列表中选择"居中";在"垂直对齐"下拉列表中选择"居中",然后单击"确定"按钮。

设置行高和列宽:选中A1:F10区域,在"开始"选项卡上的"单元格"区中,选择"格式"→"自动调整行高"和"自动调整列宽"命令。

表格加边框线,并加浅灰色底纹:选中A3:F10区域,右击鼠标,选择"设置单元格格式"命令,单击"边框"选项卡,使"外边框"出现最粗实线,使"内部"出现细实线,然后单击"确定"按钮;选中A3:F3区域,右击鼠标,选择"设置单元格格式"命令,单击"填充"选项卡,在背景色下的调色板中选择浅灰色,然后单击"确定"按钮。用同样的方法设定A4:A9区域和A10:F10区域的背景色。选中D3:D9区域,在"开始"选项卡上的"单元格"区中,选择"格式"→"设置单元格格式"命令,单击"边框"选项卡,使"左框线"由细实线变成双线,然后单击"确定"按钮。

(4)选中 A12:F23 区域,在"数据"选项卡"排序和筛选"功能区中,单击"排序"按钮,主要关键字选择"材料名称",排序方式选择"降序",单击"确定"按钮。保持选中 A12:F23 区域,在"数据"选项卡"分级显示"功能区中,单击"分类汇总"按钮,分类字段选择"材料名称",汇总方式选择"最大值",在"选定汇总项"中选择"密度""比热"和"导热系数",单击"确定"按钮。保持选中 A12:F28 区域,在"数据"选项卡上的"分级显示"区中,单击"分类汇总"按钮,分类字段选择"材料名称",汇总方式选择"计数",在"选定汇总项"中清除其他选项,只选择"导热系数",并清除"替换当前分类汇总"选项,单击"确定"按钮。

设置分类汇总表格格式:单击窗口左边分级显示区域顶部的按钮"3",使表格不显示明细数据。选中 A12:F33 区域,右击鼠标,在弹出的菜单中选择"设置单元格格式"命令,在弹出的对话框中选择"边框"选项卡,使"外边框"为最粗的实线,使"内部"边框为细实线,单击"确定"按钮。选中 A12:F33 区域,在"开始"选项卡"对齐方式"功能区中,单击"居中"按钮。

(5)创建新图表:同时选中 A3、C3、E3 和 A5:A7、C5:C7、E5:E7 区域,在"插入"选项卡"图表"功能区中,单击"插入柱形图或条形图"里的"簇状柱形图";然后选中图表使之变为活动窗口,在"图表工具"→"设计"选项卡"图表布局"功能区中,在"添加图表元素"下拉列表中,选择"轴标题"→"主要纵坐标轴标题",输入"万元";然后选中轴标题,右击鼠标,选择"设置坐标轴标题格式",在"文本选项"→"文本框"中文字方向选择"横排";在"设计"选项卡"数据"功能区中,单击"切换行/列",然后将图表标题删除。将刚建立的图表拖放到 G12:L33 区域,并进行适当的缩放。

设置图表区格式:双击数值轴,在弹出的"设置坐标轴格式"任务窗格中选择"坐标轴选项"选项卡,在"最大值"框中输入"8",在"主要刻度单位"框中输入"2",单击"关闭"按钮。双击绘图区,弹出"设置绘图区格式"任务窗格,在"填充与线条"选项卡下"边框"中设置颜色黑色实线,宽度输入 2 磅,单击"确定"按钮。

(6)选中"页面布局"选项卡,取消选中"工作表选项"中"网格线"下的"打印"选项,选择"文件"选项卡下的"打印"命令,然后单击"页面设置"超链接,在"页面"选项卡的"方向"下选择"横向";在"纸张大小"下拉列表框中选择"A4";单击"页边距"选项卡,设置上下页边距均为 2 厘米,单击"确定"按钮。操作完成后将文件另存为 test3.xlsx。

3.4 操作步骤如下。

(1)按样张对 Sheet1 中工作表标题进行格式化:选中 Sheet1 工作表中的 A1:G2 区域,右击鼠标,在弹出的菜单中选择"设置单元格格式"命令,弹出"设置单元格格式"对话框,单击"对齐"选项卡,在"水平对齐"下拉列表中选择"居中";在"垂直对齐"下拉列表中选择"居中";选中"合并单元格"前的复选框;单击"字体"选项卡,选择字号为 14,字形为加粗;单击"填充"选项卡,在背景色下的调色板中选择浅灰色,单击"确定"按钮。

(2)计算平均销售额:选中 G4 单元格,在"开始"选项卡"编辑"功能区中,单击"自动求和"按钮右侧的下拉箭头,在打开的列表中选择"平均值",参数区域为 B4:F4,按回车键确认。选中 G4 单元格,将鼠标指针移到该单元格右下角的自动填充柄上,当鼠标指针变为实心"+"形状时,按住鼠标左键向下拖动到 G8 单元格。选中 G4:G8 区域,在"开始"

选项卡"数字"功能区中,单击"增加小数位数"图标(保留 2 位小数)。

计算销售合计:选中 B4:B9 区域,在"开始"选项卡"编辑"功能区中,单击"自动求和"按钮;用拖动自动填充柄的方式将公式复制到 F9 单元格。保持选中 B9:F9 区域,在"开始"选项卡"数字"功能区中,单击"减少小数位数"图标(不保留小数部分)。

按样张对表格进行格式化操作:选中 A1:G9 区域,在"开始"选项卡"字体"功能区中,单击▦图标右侧的下拉箭头,在打开的列表中选择"所有框线"。

(3)选中 B4:F8 区域,在"开始"选项卡"样式"功能区中,选择"条件格式"→"突出显示单元格规则"→"小于"命令,在弹出的"小于"对话框中,设置如图 3-38 所示的条件;单击"自定义格式"右侧的下拉按钮,在弹出的"设置单元格格式"对话框中选择"字体"选项卡,在"颜色"下拉列表中选择红色,单击"确定"按钮返回"小于"对话框。再次单击"确定"按钮,完成条件格式设置操作。

图 3-38　"小于"对话框

(4)同时选中 A3:F4 和 A7:F8 区域,在"插入"选项卡"图表"功能区中,单击"插入柱形图或条形图",选择"二维簇状柱形图",根据图表向导完成绘图工作(操作步骤略)。

(5)选中 Sheet3 作为当前工作表,选择数据清单中的任意一个单元格,在"数据"选项卡"排序和筛选"功能区中,单击"筛选"按钮,则在第 1 行的数据清单标题行上每个列标题的右侧均出现一个下拉箭头。单击"籍贯"列标题右侧的下拉箭头,在列表中选择"上海",单击"确定"按钮。单击"中共党员"列标题右侧的下拉箭头,在列表中选择 FALSE,单击"确定"按钮。单击"计算机成绩"列标题右侧的下拉箭头,在列表中选择"数字筛选",再选择"大于或等于",弹出"自定义自动筛选方式"对话框,在右侧下拉列表中输入"75",单击"确定"按钮,观察筛选结果。

(6)选中 Sheet2 作为当前工作表,选择数据清单中的任意一个单元格,在"数据"选项卡"排序和筛选"功能区中,单击"排序"按钮,主要关键字选择"性别",排序方式选择默认的"升序"方式;单击"添加条件"按钮,在次要关键字中选择"计算机成绩",排序方式选择"降序"方式,单击"确定"按钮,观察排序结果。操作完成后将文件另存为 test4.xlsx。

3.5　操作步骤如下。

(1)打开题 3.5 素材文件,单击工作表标签"考试 1",按下 Ctrl 键,将表标签"考试 1"拖放后生成"考试 1(2)"工作表,双击"考试 1(2)"表标签,将它改为"考试 2"。

(2)单击表标签"考试 1"选中"考试 1"工作表,选中第 3 行,在"开始"选项卡"单元格"功能区中,选择"插入"→"插入工作表行"命令,则在第 3 行处插入一个空行。选中第 9 行,在"开始"选项卡"剪贴板"功能区中,单击"剪切"按钮,然后选中第 3 行,单击"粘贴"按钮;再选中第 4 行,右击后弹出快捷菜单,在其中选择"剪切"命令,然后选择第 9 行,单击"粘贴"按钮;最后选中第 4 行,右击后在快捷菜单中选择"删除"命令,从而实现了第 3 行与第 8 行的交换。

(3) 选中"课程编号"单元格,在"数据"选项卡"排序和筛选"功能区中,单击"升序"按钮,先实现对课程编号的排序;在"数据"选项卡"分级显示"功能区中,单击"分类汇总"按钮,在弹出的窗口中"分类字段"选择"课程名称","汇总方式"选择"平均值","选中汇总项"选择"期中成绩"和"期末成绩"。单击"确定"按钮,观察分类汇总结果。

(4) 单击表标签"考试 2"选中"考试 2"工作表,在 G1 单元格内输入"期中期末总平均",选中 E2:G2 区域,在"开始"选项卡"编辑"功能区下"自动求和"下拉列表中选择"平均值",拖动 G2 单元格的拖曳柄,将公式复制到 G3:G16 区域。观察填充结果。选中 A1:G16 区域,在"开始"选项卡"字体"功能区中,选择"填充颜色"下拉列表中的黄色,选择"边框"下拉列表中的"线条颜色"为红色,再选择"所有边框"。

(5) 高级筛选:在 I1:J2 区域建立筛选条件,如图 3-39 所示,在"数据"选项卡"排序和筛选"功能区中,单击"高级"按钮,列表区域设为 A1:G16,条件区域设为 I1:J2,选中"将筛选结果复制到其他位置","复制到"设为 H10,单击"确定"按钮,观察高级筛选结果。操作完成后将文件另存为 test5. xlsx。

I	J
期中成绩	期末成绩
<60	>=60

图 3-39　条件区域

3.6　操作步骤如下。

(1) 打开题 3.6 素材文件,单击工作表标签 Sheet1,选中 A1:H1 区域,在"开始"选项卡"对齐方式"功能区中,单击"合并后居中"按钮,然后右击 A1 单元格,选择"设置单元格格式"命令,在弹出的对话框中,单击"字体"选项卡,将字体设置为华文行楷,字号设置为 20,下画线设置为双下画线;单击"填充"选项卡,将背景色设置为黄色,单击"确定"按钮。单击 A1 单元格,在"开始"选项卡"单元格"功能区中,选择"格式"→"自动调整行高"。

(2) 在 F3 单元格中输入公式"=D3+E3",拖动 F3 单元格的拖曳柄,将公式复制到 F4:F11 区域;在 G3 单元格中输入公式"=IF(F3<=2000,F3*3%,F3*5%)",拖动 G3 单元格的拖曳柄,将公式复制到 G4:G11 区域;在 H3 单元格中输入公式"=INT(F3-G3)",拖动 H3 单元格的拖曳柄,将公式复制到 H4:H11 区域。

(3) 选中 A1:H11 区域,在"开始"选项卡"字体"功能区中,单击"边框"按钮右侧的下拉箭头,选择"所有框线";再单击工具栏上的"居中"按钮。

(4) 同时选中 B2:B11 区域和 H2:H11 区域,在"插入"选项卡"图表"功能区中,单击"插入折线图或面积图"按钮,选择"二维折线图"中的"带数据标记的折线图",然后将图表拖放到 A15:H30 区域。

(5) 选中图表标题"实发工资",将字体设为华文新魏、16 磅;选中图表,在"图表工具"→"设计"选项卡"图表布局"功能区中,在"添加图表元素"下拉列表中,选择"图例"→"右侧";选中"实发工资"图例项,将字体设为宋体、10 磅;双击绘图区,在"设置绘图区格式"任务窗格中,选择"填充"中的"纯色填充",选颜色为"白色,背景 1,深色 25%",观察作图效果。

(6) 选中 Sheet2 工作表,双击表标签,将"Sheet2"改为"学生成绩表";在 D3 单元格中输入公式"=AVERAGE(B3:C3)",拖动 D3 单元格的拖曳柄,将公式复制到 D4:D11

区域;选择 D3:D11,在"开始"选项卡"数字"功能区中,单击"增加小数位数"图标,保留 2 位小数。

（7）选中 A2:D11 区域,在"数据"选项卡上的"排序和筛选"区中,单击"筛选"按钮,然后单击"期末"单元格右侧的下拉列表,选择"数字筛选"中的"前 10 项"子命令,在弹出的"自动筛选前 10 个"对话框中设置显示 5 个最大项,单击"确定"按钮,再单击"期末"单元格右侧的下拉列表,选择降序,观察筛选效果。操作完成后将文件另存为 test6.xlsx。

第4章

PowerPoint 电子演示文稿

4.1 PowerPoint 文档基本操作

【实验目的】

- 掌握文档的建立、幻灯片文本的录入、保存和关闭操作方法。
- 掌握文档的打开、文字的格式化和段落的格式化操作方法。
- 掌握项目符号和编号的使用方法。
- 掌握幻灯片的插入、删除、复制和移动操作方法。

【实验内容及案例】

1. 文档的建立、文本录入和保存

1) 实验内容

(1) 打开 PowerPoint 2016 程序，使用"空白演示文稿"创建演示文稿，选择"标题和内容"幻灯片版式，输入如下文字。

网络文化素养
现代文明人的确需要一种新的文明素养——网络文化素养，才能适应信息社会的需要。

(2) 以 test.pptx 为名保存在 D 盘的 test 目录下，关闭 PowerPoint 程序窗口。

(3) 打开 PowerPoint 程序，使用"框架"模板主题创建一个 PPT。

(4) 以 test1.pptx 为名保存在 D 盘的 test1 目录下，关闭 PowerPoint 程序窗口。

2) 操作步骤

(1) 单击"开始"菜单，打开 PowerPoint 2016 应用程序，单击"文件"→"新建"→"空白演

示文稿",创建一个标题幻灯片,然后单击"开始"→"幻灯片"→"版式"按钮,在下拉列表框中选择"标题和内容"幻灯片版式,然后在幻灯片中直接输入素材所给标题和文字内容。

（2）单击"文件"选项卡,选择"保存"命令,在弹出的"另存为"窗口中,单击"浏览"图标,选择保存路径到 D 盘的 test 目录下,文件名为 test.pptx,单击"保存"按钮。单击程序窗口标题栏右边的关闭按钮,或者选择"文件"→"退出"命令,退出 PowerPoint 程序。

（3）单击"文件"选项卡,选择"新建"命令,在"新建"窗口中选择"框架"模板主题,然后在弹出的对话框中单击"创建"按钮（在对话框中可以先选择"框架"主题的其他变体再创建）。

（4）选择"文件"→"另存为"命令,在弹出的"另存为"窗口中,单击"浏览"图标,选择保存路径到 test1 文件夹下,文件名为 test1.pptx,单击"保存"按钮。单击程序窗口标题栏右边关闭按钮,或者选择"文件"→"退出"命令,退出 PowerPoint 程序。

2. 文档的打开与格式化

1) 实验内容

（1）打开 test.pptx 文档,将标题文字设置为新宋体、加粗、40 磅、加阴影、蓝色,以中部对齐方式对齐。

（2）设置正文内容的行距为 1 倍行距、段前 1 磅、段后 10 磅,段落对齐方式为居中对齐。将该文档另存为 test2.pptx。

2) 操作步骤

（1）运行 PowerPoint 2016 应用程序,选择"文件"→"打开"命令,在"打开"对话框中选择文件 test.pptx,单击"打开"按钮。在打开的文档中,选中标题文本"网络文化素养",在"开始"选项卡"字体"功能区中,选择字体为新宋体,选择字号为 40。单击"加粗"和"文字阴影"。单击"字体颜色"按钮,在弹出的下拉列表框中选择颜色为蓝色。单击"段落"功能区中"对齐文本"按钮,在下拉列表框中选择"中部对齐"选项,完成字体对齐设置。

（2）单击"开始"选项卡"段落"功能区"行距"按钮,在弹出的下拉列表框中选择"行距选项"命令,打开"段落"对话框,在"缩进和间距"选项卡的"间距"栏中的"行距"下拉列表框中,选择"单倍行距",段前输入"1 磅",段后输入"10 磅",在"常规"栏中"对齐方式"的下拉框中选择"居中"。选择"文件"→"另存为"命令,文件名以 test2.pptx 保存,单击"保存"按钮。

3. 文档的符号和编号设置

1) 实验内容

（1）打开 test2.pptx 文档,在正文中增加如下内容。将后面的 3 点要求降级为二级文本。去掉一级文本中的第一段文本前面的项目符号。

（2）设置一级文本项目符号为菱形符号、红色、80%。设置二级项目编号为"①,②,③…"的形式,大小为 90%,颜色为蓝色。将该文档另存为 test3.pptx。

上网要科学安排：

一是要控制上网操作时间，每天操作累积不应超过 5 小时，且在连续操作一小时后应休息 15 分钟；

二是上网之前先明确上网的任务和目标，把具体要完成的工作列在纸上；

三是上网之前根据工作量先限定上网时间，准时下网或关机。

2）操作步骤

（1）打开 test2.pptx 文档，在文本占位符中，输入题目中给定的内容，然后单击"开始"选项卡"段落"功能区的"提高列表级别"按钮，将该段落降级为二级文本。将光标置于第一段落，单击"开始"选项卡"段落"功能区的"项目符号"按钮，可去掉项目符号。

（2）用鼠标选中前两个一级段落文本，单击"开始"选项卡"段落"功能区"项目符号"按钮旁边的黑三角，在下拉列表框中选择"项目符号和编号"命令，在弹出的"项目符号和编号"对话框的"项目符号"选项卡中，选择菱形项目符号，在"大小"框中输入 80％，单击"颜色"按钮，在列表框中选择颜色为红色。选择后 3 段文本，打开"项目符号和编号"对话框，单击"编号"选项卡，选择"①，②，③…"形式的编号选项，更改大小为 90％，颜色为蓝色。最后，将文档另存为 test3.pptx。

test3.pptx 完成后的最终文档样张如图 4-1 所示。

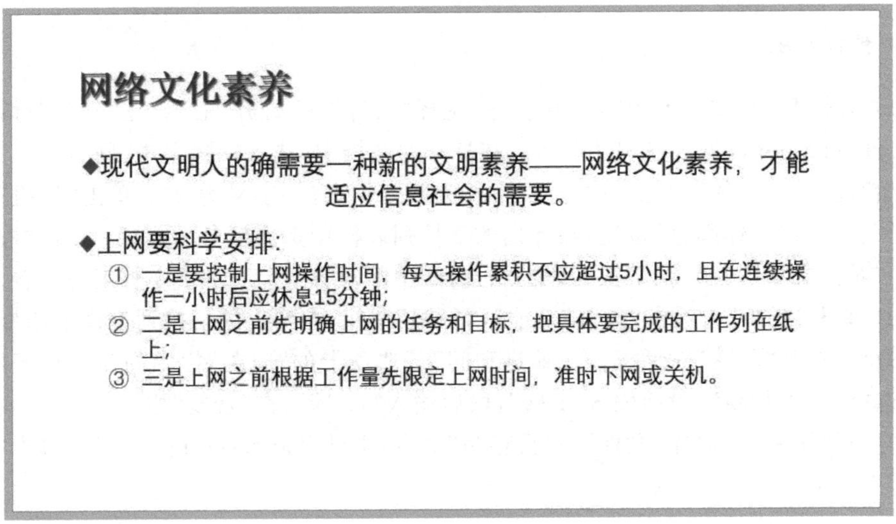

图 4-1　test3.pptx 最终文档样张

4. 幻灯片的插入、删除、复制和移动

1）实验内容

（1）打开 test3.pptx 文档，在第一张幻灯片的后面插入一张新幻灯片，选择版式为"标题幻灯片"。再将第一张幻灯片复制两张放在最后面，删除第四张幻灯片。

（2）将第一张幻灯片的标题内容剪切到第二张的标题中，第三张中只留下"上网要科学安排："和3点要求，其余内容删除，最后把第二张幻灯片移动到最前面。将该文档另存为 test4.pptx。

2）操作步骤

（1）打开 test3.pptx 文档，单击"开始"选项卡"幻灯片"功能区"新建幻灯片"下拉按钮。在展开的列表框中，单击"标题幻灯片"版式，则插入一张新的幻灯片；单击第一张幻灯片，单击"开始"选项卡"剪贴板"功能区"复制"按钮，单击最后一张幻灯片，然后单击"开始"选项卡"剪贴板"功能区"粘贴"按钮两次。选择第四张幻灯片，右击鼠标，在弹出的快捷菜单中选择"删除幻灯片"命令，或者直接按 Delete 键，删除所选幻灯片。

（2）单击第一张幻灯片，选中标题占位符中的文本，然后右击鼠标，在弹出的快捷菜单中选择"剪切"命令。单击左边窗格的第二张幻灯片，将光标置于其标题占位符中，右击鼠标，在弹出的快捷菜单中选择"粘贴选项"→"保留源格式"命令。单击左边窗格中的第三张幻灯片，选中要删除的文本，按 Delete 键。在左侧窗格中单击其中的第二张幻灯片，用鼠标拖动该幻灯片向上移动，在第一张幻灯片的上面将出现闪烁横线，松开鼠标。最后，将文档另存为 test4.pptx。

4.2　PowerPoint 文档的修饰

【实验目的】

- 掌握幻灯片背景的设置方法。
- 掌握幻灯片配色方案的设置方法。
- 掌握幻灯片母版的设置方法。
- 掌握幻灯片页眉和页脚的设置方法。
- 掌握幻灯片设计模板的设置方法。

【实验内容及案例】

1. 幻灯片背景设置

1）实验内容

（1）打开 test4.pptx 文档，将第一张幻灯片的背景设置为"浅色渐变-个性色 2"。
（2）将第二张幻灯片的背景设置为"蓝色面巾纸"。
（3）将第三张幻灯片的背景设置为"小纸屑"，前景色是"浅蓝"，背景色是"白色"。
（4）在最后插入一张新的幻灯片，将背景设置为渐变双色，颜色 1 为"白色"，颜色 2

为"蓝色",类型是"标题的阴影"。将该文档另存为test5.pptx。

2）操作步骤

（1）在test4.pptx文档的基础上,选择第一张幻灯片,然后选择"设计"选项卡"自定义"功能区中的"设置背景格式"命令。在右边的"设置背景格式"窗格"填充"选项卡下,选择"渐变填充"。在"预设颜色"下拉列表框中选择"浅色渐变-个性色2"。

（2）选择第二张幻灯片,在右边的"设置背景格式"窗格"填充"选项卡下,选择"图片或纹理填充"。在"纹理"下拉列表框中选择"蓝色面巾纸"。

（3）选择第三张幻灯片,在右边的"设置背景格式"窗格"填充"选项卡下,选择"图案填充"。在下方的图案选项组中单击"小纸屑"选项。单击"前景色"按钮,选择颜色"浅蓝"。单击"背景色"按钮,选择颜色"白色"。

（4）在窗口左侧窗格中选择最后一张幻灯片,按回车键则插入一张新的幻灯片。选择新插入的幻灯片,然后选择"设计"选项卡"自定义"功能区中的"设置背景格式"命令。在右边的"设置背景格式"窗格"填充"选项卡下单击"渐变填充"按钮。在"类型"列表框中选择"标题的阴影"选项。选择"渐变光圈"上面的"停止点1"滑块,单击"颜色"按钮,在列表框中选择颜色"白色"。选择"渐变光圈"上面的"停止点2"滑块,单击"颜色"按钮,选择颜色"蓝色",删去其他停止点滑块,将"停止点1"和"停止点2"两个滑块拖动到满意的位置。最后,将文档另存为test5.pptx。

2. 幻灯片配色方案的使用

1）实验内容

打开test5.pptx文档,为该演示文稿应用新的主题颜色,要求在Office方案的基础上,修改文字/背景-深色1为"浅蓝",超链接颜色为"紫色",保存为"幻想"。将该文档另存为test6.pptx。

2）操作步骤

（1）打开test5.pptx文档,单击"设计"选项卡,在右边的"变体"功能区中单击"颜色"按钮,在展开的列表框中选择Office选项。重新展开"颜色"列表框,选择列表框下方的"自定义颜色"命令,在弹出的"新建主题颜色"对话框中,单击"文字/背景-深色1"按钮,在列表框中选择颜色"浅蓝";单击"超链接"按钮,在列表框中选择颜色"紫色";在"名称"文本框中输入"幻想",单击"保存"按钮。最后,将文档另存为test6.pptx。

3. 设置幻灯片母版

1）实验内容

（1）打开test6.pptx文档,为该演示文稿设置标题母版,标题文字为黑体、48磅、加粗、深蓝色,副标题文字为宋体、36磅、加粗、深红,为副标题占位符加蓝色边框。背景设置为"羊皮纸"。

（2）为该演示文稿设置幻灯片母版，设置页脚字体为隶书、16 磅。背景色设置为纯色黄色。将该文档另存为 test7.pptx。

2）操作步骤

（1）打开 test6.pptx 文档，单击"视图"选项卡，在"母版视图"功能区中单击"幻灯片母版"按钮，在窗口左侧窗格的"幻灯片"选项卡中选择"标题幻灯片"版式。选择标题占位符中的文本内容，单击"开始"选项卡，在"字体"功能区中"字体"列表框中选择字体"黑体"，在字号列表框中选择 48，单击字形加粗按钮，单击"字体颜色"按钮，在列表框中选择字体颜色为深蓝。选中副标题占位符中的内容，用上述同样的方法设置字体宋体，字号为36，字形加粗，字体颜色为深红。选择副标题占位符，单击"开始"选项卡"绘图"功能区"形状轮廓"按钮，在弹出的列表框中选择颜色为蓝色。选择"幻灯片母版"选项卡"背景"功能区中的"背景样式"命令，在下拉的列表框中选择"设置背景格式"命令打开"设置背景格式"的窗口。在右边的"设置背景格式"窗格"填充"选项卡下选择"图片或纹理填充"。单击"纹理"下拉列表框按钮，在展开的列表框中选择"羊皮纸"，选择"幻灯片母版"选项卡"关闭"功能区中的"关闭母版视图"命令，结束幻灯片母版设置。

（2）单击"视图"选项卡，在"母版视图"功能区中单击"幻灯片母版"按钮，选择第一张幻灯片，在幻灯片内容编辑窗格中，单击"页脚"占位符，将光标置入文本框中。单击"开始"选项卡"字体"功能区，字体选择隶书，字号选择 16。选择"幻灯片母版"选项卡"背景"功能区中的"背景样式"命令，在弹出的列表框中选择"设置背景格式"命令打开"设置背景格式"窗格。单击"填充"选项卡下"纯色填充"。单击"颜色"下拉列表框按钮，在展开的列表框中选择黄色。将文档另存为 test7.pptx（因为设置了背景，所以看不到母版设置的背景效果）。

4. 设置幻灯片的页眉和页脚

1）实验内容

打开 test7.pptx 文档，为该文档添加页眉页脚：固定日期 2010-1-1，设置幻灯片编号，添加页脚为"第 5 章 PowerPoint 2016"，并要求在标题幻灯片中不显示页眉页脚。将该文档另存为 test8.pptx。

2）操作步骤

打开 test7.pptx 文档，在"插入"选项卡"文本"功能区中，单击"页眉和页脚"按钮，打开"页眉和页脚"对话框。在"幻灯片"选项卡下，选择"日期和时间"选项及其中的"固定"选项，在该选项下面的文本框中输入 2010-1-1。选择"幻灯片编号"选项，选择"页脚"选项，在该选项下面的文本框中输入"第 5 章 PowerPoint 2016"。选择"标题幻灯片中不显示"选项，单击"全部应用"按钮完成设置。将文档另存为 test8.pptx。

5. 设计模板的设置

1）实验内容

打开 test8.pptx 文档，将该演示文稿以"演示文稿设计模板"的形式保存，文件名为

"演示文稿模板 1"。

2) 操作步骤

打开 test8.pptx 文档,选择"文件"选项卡中的"另存为"命令,在"另存为"对话框中的"文件名"文本框中输入文件名"演示文稿模板 1",单击"保存类型"下拉框,选择其中的"PowerPoint 模板(∗.potx)"选项,单击"保存"按钮。

4.3 PowerPoint 文档的多媒体制作

【实验目的】

- 掌握图片的插入与设置方法。
- 掌握声音与影片的插入与设置方法。
- 掌握 Flash 动画的插入与设置方法。
- 掌握艺术字的插入与设置方法。
- 掌握表格的插入与设置方法。
- 掌握 SmartArt 图形的插入与设置方法。
- 掌握图表的设置方法。

【实验内容及案例】

1. 图片的插入与设置

1) 实验内容

(1) 打开 test8.pptx 文档,在最后面插入一张新幻灯片,选择版式为"空白"。插入"素材"文件夹中的"埃菲尔铁塔.jpg",设置图片高度为 6 厘米,宽度为 6 厘米,图片边框为深蓝,置于幻灯片左上角(手工拖动)。

(2) 再次插入同样的图片"埃菲尔铁塔.jpg",大小调整与上面的图片接近(用鼠标调整),置于幻灯片右上角。将该文档另存为 test9.pptx。

2) 操作步骤

(1) 打开 test8.pptx 文档,单击选择最后一张幻灯片,按回车键插入新幻灯片。选择新插入的幻灯片,单击"开始"选项卡"幻灯片"功能区中的"版式"按钮,在下拉列表框中选择"空白"版式。单击"插入"选项卡"图像"功能区中的"图片"按钮,在打开的"插入图片"对话框中选择图片所在的文件夹"素材",选择图片"埃菲尔铁塔.jpg",单击"插入"按钮。选中幻灯片中插入的图片,右击鼠标,选择"设置图片格式"命令,或者单击"图片工具""格式"选项卡"大小"功能区右下角"大小和位置"按钮（"⬊"图标）。将打开"设置图片格式"窗格。单击窗格"大小与属性"选项卡，取消选中"锁定纵横比"，在"高度"框中修改数字为 6 厘米，在"宽度"中修改数字为 6 厘米。在"格式"选项卡"图片样式"功能区中选择"图片边框"按钮，在列表中选择颜色为"深蓝"。将鼠标指向图片，使鼠标成为四方箭头形状，拖动鼠标，将图片拖动到幻灯片的左上角。

（2）单击"插入"选项卡"图像"功能区"图片"按钮，在打开的"插入图片"对话框中选择"素材"文件夹，单击"插入"按钮插入相对应的图片。将鼠标指向图片四个角的大小调整点上，拖动鼠标调整图片的大小，然后将图片拖动到幻灯片的右上角。最后，将文档另存为 test9.pptx。

2. 声音与影片的插入与设置

1）实验内容

（1）打开 test9.pptx 文档，在最后一张幻灯片中插入文件中的声音 1.mp3，要求自动播放声音，图片高度为 4 厘米，置于幻灯片左下角。

（2）在上面的幻灯片中插入素材文件夹下的视频文件 Wildlife.wmv，要求鼠标单击时播放，置于幻灯片右下角。将该文档另存为 test10.pptx。

2）操作步骤

（1）打开 test9.pptx 文档，单击"插入"选项卡"媒体"功能区的"音频"按钮，在弹出的列表框中选择"PC 上的音频"命令。在"插入音频"对话框中选择音频所在的"素材"文件夹，选择所需的音频，单击"插入"按钮。选中声音图标，单击"音频工具""播放"选项卡"音频选项"功能区中的"开始"下拉框按钮，在弹出的列表框中选择"自动"选项。单击"格式"选项卡"大小"功能区，在"高度"框中，修改数字为 4 厘米。拖动图片到幻灯片的左下角。

（2）单击"插入"选项卡"媒体"功能区"视频"按钮，在弹出的下拉列表框中选择"PC 上的视频"命令。打开"插入视频文件"对话框，选择"素材"文件夹下的视频文件 Wildlife.wmv，单击"插入"按钮，在幻灯片中将插入影片图标，通过鼠标拖动调整图标大小。选中影片的图标，单击"视频工具""播放"选项卡"视频选项"功能区中的"开始"下拉框按钮，在弹出的列表框中选择"单击时"选项。拖动影片图标到幻灯片的右下角。将文档另存为"test10.pptx"。

3. Flash 动画的插入与设置

1）实验内容

打开 test10.pptx 文档，在最后面插入一张新幻灯片，版式为"空白"，在其中插入 Flash 动画甜蜜蜜.swf。将该文档另存为 test11.pptx。

2）操作步骤

打开 test10.pptx 文档，单击选择最后一张幻灯片，按回车键插入新幻灯片。选择新插入的幻灯片，单击"开始"选项卡"幻灯片"功能区中的"版式"按钮，在下拉列表框中选择"空白"版式。

单击"插入"选项卡"媒体"功能区中的"视频"按钮，在弹出的下拉列表框中选择"PC上的视频"命令。打开"插入视频文件"对话框，在"素材"文件夹选择需要插入的文件"甜蜜蜜.swf"，单击"插入"按钮。将文档另存为 test11.pptx。

4. 艺术字的插入与设置

1）实验内容

打开 test11.pptx 文档，在最后面插入一张新幻灯片，版式为"标题和内容"，在幻灯片中插入艺术字"数学与语文成绩表"，要求选择样式中的第 1 个，设置文字大小为 44，文本填充为蓝色，文本轮廓为红色，文本效果为"发光"中的"橙色"。将该文档另存为 test12.pptx。

2）操作步骤

打开 test11.pptx 文档，单击选择最后一张幻灯片，按回车键插入新幻灯片。选择新插入的幻灯片，单击"开始"选项卡"幻灯片"功能区中的"版式"按钮，在下拉列表框中选择"标题和内容"版式。单击"插入"选项卡"文本"功能区中的"艺术字"按钮，在弹出的艺术字样式列表中单击第一个艺术字样式，在幻灯片中出现的文本框中输入文字"数学与语文成绩表"。选中艺术字，单击"格式"选项卡"艺术字样式"功能区中的"文本填充"按钮，在下拉列表框中选择"蓝色"。单击"文本轮廓"按钮，在下拉列表框中选择"红色"。单击"文本效果"按钮，在下拉菜单中选择"发光"→"其他亮色"→"橙色"命令。单击"开始"选项卡"字体"功能区中的"字号"按钮，在下拉列表框中单击 44。将艺术字拖动到原来标题占位符的位置。将文档另存为 test12.pptx。

5. 表格的插入与设置

1）实验内容

打开 test12.pptx 文档，在最后面一张幻灯片中插入如下表格。要求文字宋体、32磅、红色，表格四周边框线深红、2.25 磅，中间线绿色、1.5 磅，文字居中对齐。将该文档另存为 test13.pptx。

姓名	数学	语文
李小平	80	85
吴莹	90	75
郭敏敏	75	60
刘华	54	65

2）操作步骤

打开 test12.pptx 文档,选择最后一张幻灯片,单击内容占位符中的"插入表格"按钮,在弹出的"插入表格"对话框中输入 5 行 3 列,单击"确定"按钮,输入以上表格中的内容。选中表格,单击"开始"选项卡"字体"功能区中的"字体"按钮,在下拉列表框中选择"宋体"。单击"字号"按钮,在下拉列表框中选择"32"。单击"颜色"按钮,在下拉列表框中选择"红色"。单击"表格工具""设计"选项卡"绘图边框"功能区中的"笔画粗细"按钮,在弹出的下拉列表框中选择"2.25 磅"。单击"绘图边框"功能区中的"笔颜色"按钮,在弹出的下拉列表框中选择"深红"。单击"表格工具""设计"选项卡"表格样式"功能区中的"边框"按钮,在弹出的下拉列表中选择"外侧框线"。单击"表格工具""设计"选项卡"绘图边框"功能区中的"笔画粗细"按钮,在弹出的下拉列表框中选择"1.5 磅"。单击"笔颜色"按钮,在弹出的下拉列表框中选择"浅绿色"。单击"设计"选项卡"表格样式"功能区中的"边框"按钮,在弹出的下拉列表中选择"内部框线"。单击"布局"选项卡"对齐方式"功能区中的"居中"按钮。将文档另存为 test13.pptx。

6. SmartArt 图形的插入与设置

1）实验内容

打开 test13.pptx 文档,在最后一张幻灯片后面插入一张新幻灯片,在新幻灯片中插入如图 4-2 所示的 SmartArt 图形。将文档按原名保存。

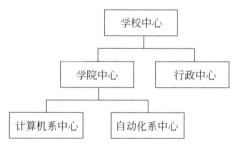

图 4-2　SmartArt 图形示例

2）操作步骤

打开 test13.pptx 文档,选择最后一张幻灯片,按回车键插入新幻灯片。选择新插入的幻灯片,单击"插入"选项卡"插图"功能区中的 SmartArt 按钮,将弹出"选择SmartArt 图形"对话框。在该对话框中选择"层次结构"选项卡,在对话框中间栏中选择"层次结构"SmartArt 图形样式。在已经插入的 SmartArt 图形中,选中右下角的形状的文本框,即标有"[文本]"字样的文本框,按 Delete 键将其删除。分别选择每个形状的文本框,按照样图 4-2 所示输入文字即可。单击"快速访问工具栏"中的"保存"按钮,将文档按原名保存。

7. 图表的插入与设置

1）实验内容

打开 test13.pptx 文档,在最后面插入一张新幻灯片,在其中插入一张图表,将本节实验 5 中的表格内容作为图表的内容,要求表格中姓名为列字段,课程为行字段,图表为簇状柱形图,标题为"数学与语文成绩表",X 轴标题为"课程",Y 轴标题为"成绩",字体为黑体、20 磅,标题文字为 28 磅。将该文档另存为 test14.pptx。

2）操作步骤

打开 test13.pptx 文档,在最后面插入一张版式为"标题与内容"的新幻灯片,单击内容占位符中的"插入图表"按钮,在弹出的"插入图表"对话框中,选择"柱形图"选项卡中的"簇状柱形图",单击"确定"按钮。在出现的 Excel 表格中粘贴本节实验 5 中的表格内容,单击"图表工具"中"设计"选项卡"数据"功能区的"选择数据"按钮,在"图表数据区域"选择 Excel 中的对应表格的内容数据区域,单击"切换行/列"按钮,单击"确定"按钮,然后关闭 Excel 表格窗口。

选中插入的图表,单击图表上方的图表标题文本框,删去框内文字,输入"数学与语文成绩表"。选中标题文本框,单击"开始"选项卡"字体"功能区中的"字号"按钮,在展开的列表框中选择"28"。单击"图表工具"中"设计"选项卡"图表布局"功能区中的"添加图表元素"按钮,在下拉列表中选择"轴标题",在弹出的列表框中选择"主要横坐标轴",在幻灯片中出现的横坐标轴标题文本框中输入"课程"。在弹出的列表框中选择"主要纵坐标轴",在幻灯片中出现的纵坐标轴标题文本框中输入"成绩"。分别选中横坐标和纵坐标标题文本框,单击"开始"选项卡"字体"功能区中的"字体"按钮,在展开的列表框中选择"黑体",单击"字号"按钮,在展开的列表框中选择"20"。将文档另存为 test14.pptx。

4.4　PowerPoint 文档的动画设置

【实验目的】

- 掌握幻灯片动画效果的设置方法。
- 掌握幻灯片切换效果的设置方法。
- 掌握幻灯片的动作设置方法。
- 掌握幻灯片的超链接设置方法。

【实验内容及案例】

1. 幻灯片动画效果的设置

1) 实验内容

打开 test14.pptx 文档,将第三张幻灯片的一级文本"上网要科学安排"设置动画效果为"强调"→"陀螺旋",声音为"锤打"。设置所有二级文本动画效果为"进入"→"飞入",第一个二级文本动画要求方向"自右侧",第二个二级文本动画方向为"自左侧",第三个二级文本动画方向为"自底部"。将文档另存为 test15.pptx。

2) 操作步骤

打开 test14.pptx 文档。选择第三张幻灯片,选中一级文本"上网要科学安排"。单击"动画"选项卡"动画"功能区中的"其他"按钮,在弹出的下拉列表框中选择"强调"组中的"陀螺旋"。单击"动画"选项卡"高级动画"功能区中的"动画窗格"按钮,打开"动画窗格"任务窗格。然后单击下方列表框中的"上网要科学安排"选项右边的向下箭头按钮,在下拉框中单击"效果选项",在弹出的"陀螺旋"对话框的"效果"选项卡中,单击"增强"栏中的"声音"下拉列表框按钮,在列表框中选择"锤打",单击"确定"关闭对话框。选中第一个二级文本,单击"动画"选项卡"动画"功能区中的"其他"按钮,在弹出的下拉列表框中选择"进入"组中的"飞入",在"动画"功能区中单击"效果选项"按钮,在弹出的下拉列表框中选择"自右侧"。用同样的方法设置第二个和第三个二级文本动画的方向为"自左侧"和"自底部"。将文档另存为 test15.pptx。

2. 幻灯片切换效果的设置

1) 实验内容

打开 test15.pptx 文档,为所有幻灯片设置切换效果,要求切换方式为"百叶窗",持续时间为"2 秒",声音为"风铃",换片方式为"单击鼠标时"。将文档另存为 test16.pptx。

2) 操作步骤

打开 test15.pptx 文档,单击"切换"选项卡"切换到此幻灯片"功能区中的"其他"按钮;在弹出的下拉列表框中选择"华丽型"组中的"百叶窗"。单击"切换"选项卡"计时"功能区中的"持续时间"改为"02.00"。在"声音"下拉列表框中选择声音"风铃"。在"计时"功能区"换片方式"组中,选中"单击鼠标时"复选框,再单击其中的"全部应用"按钮。将文档另存为 test16.pptx。

3. 幻灯片的动作设置

1) 实验内容

打开 test16.pptx 文档,为第五张幻灯片左上角的图片设置动作:播放时单击图片运行程序 regedit.exe。将文档另存为 test17.pptx。

2）操作步骤

打开 test16.pptx 文档，选择第五张幻灯片，选中左上角的图片。单击"插入"选项卡"链接"功能区中的"动作"按钮，将打开"操作设置"对话框。在"操作设置"对话框中选择"单击鼠标"选项卡，在"单击鼠标时的动作"栏中单击"运行程序"单选按钮，单击右边的"浏览"按钮，在弹出的"选择一个要运行的程序"对话框中，选择程序 C：/windows/regedit.exe，单击"打开"按钮回到"操作设置"对话框，单击"确定"按钮。将文档另存为 test17.pptx。

4. 幻灯片的超链接设置

1）实验内容

（1）打开 test17.pptx 文档，在第三张幻灯片中为一级文本"上网要科学安排"创建超链接，使之能链接到"素材"文件夹下的 Word 文档"上网要科学安排.docx"。

（2）为第二张幻灯片中的文本"目标"创建超链接，链接到第五张幻灯片。将文档另存为 test18.pptx。

2）操作步骤

（1）打开 test17.pptx 文档，选中第三张幻灯片，选择文本"上网要科学安排"。单击"插入"选项卡"链接"功能区中的"超链接"按钮，打开"插入超链接"对话框。在"插入超链接"对话框中单击"链接到"组中的"现有文件或网页"选项；在"查找范围"下拉列表框中选择"素材"文件夹，在下面的列表框中选择要链接的文档"上网要科学安排.docx"，单击"确定"按钮结束。

（2）打开第二张幻灯片，选中文本"目标"。单击"插入"选项卡"链接"功能区中的"超链接"按钮，打开"插入超链接"对话框。在"插入超链接"对话框中选择"链接到"组中的"本文档中的位置"选项，在"请选择文档中的位置"列表框中选择"幻灯片标题"选项，在展开的"幻灯片标题"下一级结构中选择"5.幻灯片 5"。单击"确定"按钮结束。将文档另存为 test18.pptx。

4.5　PowerPoint 文档的放映

【实验目的】

- 掌握幻灯片的放映设置方法。
- 掌握隐藏幻灯片的设置方法。
- 掌握自定义放映的设置方法。

【实验内容及案例】

1. 幻灯片的放映设置

1）实验内容

打开 test18.pptx 文档，为每张幻灯片设置排练时间分别为 1，2，3，…秒，要求放映方式为"在展台浏览"，仅播放第 2～4 张，放映时不加动画，使用排练时间进行换片。将文档另存为 test19.pptx。

2）操作步骤

打开 test18.pptx 文档，单击"幻灯片放映"选项卡"设置"功能区中的"排练计时"按钮，此时幻灯片开始放映，并出现一个"录制"工具栏，工具栏中有两个时间显示，中间的时间表示当前幻灯片的换片时间，右边的时间表示全部幻灯片的播放时间。当中间的时间显示为 1 时，表示这张幻灯片的换片时间为 1 秒，单击鼠标，开始播放第二张幻灯片，中间的时间从 0 开始计时，当变为 2 时，单击鼠标，开始播放第三张幻灯片，依次类推，直到播放结束（排练计时的设置也可以通过按顺序分别设置各张幻灯片的"自动换片时间"为 1，2，3，…秒，去掉选中"换片方式"中"单击鼠标时"的复选框）。单击"幻灯片放映"选项卡"设置"功能区中的"设置幻灯片放映"按钮，在弹出的"设置放映方式"对话框中选择"放映类型"组中的"在展台浏览（全屏幕）"选项。在"放映幻灯片"组中设置放映范围从第 2～4 页，在"放映选项"组中选择"放映时不加动画"选项。在"换片方式"组中选择"如果存在排练时间，则使用它"选项。单击"确定"按钮完成设置。最后，将文档另存为 test19.pptx。

2. 隐藏幻灯片的设置

1）实验内容

打开 test19.pptx 文档，隐藏第 2 张、第 4 张和第 5 张幻灯片，并播放查看效果。将文档另存为 test20.pptx。

2）操作步骤

打开 test19.pptx 文档，在幻灯片浏览视图或者普通视图中，按住 Ctrl 键，用鼠标选择第 2、4、5 张幻灯片，然后单击"幻灯片放映"选项卡"设置"功能区中的"隐藏幻灯片"按钮。按 F5 键开始放映演示文稿。将文档另存为 test20.pptx。

3. 自定义放映的设置

1）实验内容

打开 test18.pptx 文档，按照第 4 张、第 3 张、第 5 张、第 2 张的顺序自定义放映，并命名为练习 1。将文档另存为 test21.pptx，并进行播放。

2）操作步骤

打开 test19.pptx 文档,单击"幻灯片放映"选项卡"开始放映幻灯片"功能区中的"自定义幻灯片放映"按钮,选择"自定义放映"命令,在弹出的"自定义放映"对话框中,单击"新建"按钮,弹出"定义自定义放映"对话框。在"幻灯片放映名称"文本框中输入"练习1"。在"在演示文稿中的幻灯片"列表中,分别选择第 4、3、5、2 项,每选择一项,单击一次"添加"按钮,则该项会出现在右边的"在自定义放映中的幻灯片"列表中。完成后,单击"确定"按钮,回到"自定义放映"对话框中。单击"关闭"按钮,结束设置。

单击"幻灯片放映"选项卡"设置"功能区中的"设置幻灯片放映"按钮,在弹出的"设置放映方式"对话框中,选择"放映幻灯片"项目组中的"自定义放映",在其下面的下拉列表框中选择名称为"练习 1"的选项。单击"确定"按钮,按 F5 键开始放映演示文稿。将文档另存为 test21.pptx。

4.6　PowerPoint 文档的打包与打印

【实验目的】

- 掌握演示文稿的打包操作方法。
- 掌握演示文稿的打印设置与操作方法。

【实验内容及案例】

1. 演示文稿的打包操作

1）实验内容

打开 test21.pptx 文档,对其进行打包,打包要求:选择打包文件为 test1.pptx 到 test20.pptx;设置文件打开密码"123",打包到 D 盘的 test 目录下。

2）操作步骤

打开 test21.pptx 文档,单击"文件"选项卡,在弹出的快捷菜单中选择"导出"命令,在弹出窗口中选择"将演示文稿打包成 CD"命令,在右边的"将演示文稿打包成 CD"栏中选择"打包成 CD"按钮,将弹出"打包成 CD"对话框。在弹出的"打包成 CD"对话框中,单击"添加"按钮,在弹出的"添加文件"对话框中,进入目录,选择文件 test1.pptx 到 test20.pptx,单击"添加"按钮,完成文件添加操作。在"打包成 CD"对话框中,单击"选项"按钮,在"选项"对话框中,在"打开文件和修改每个演示文稿时所用密码"的文本框中输入密码"123",单击"确定"按钮。在"打包成 CD"对话框中,单击"复制到文件夹"按钮,在"复制到文件夹"对话框的"位置"文本框中输入 D：\test\，单击"确定"按钮完成打包操作。

2. 演示文稿的打印设置

1）实验内容

打印 test21.pptx 文档，要求：打印份数为两份；打印内容为"讲义"；每页幻灯片数为4，幻灯片不加边框。

2）操作步骤

打开 test21.pptx 文档，单击"文件"按钮，在弹出的快捷菜单中选择"打印"命令，将显示"打印"选项卡内容区域。在"打印"选项卡的"打印"栏中的"份数"文本框中输入 2。在"设置"栏中，单击"整页幻灯片"下拉按钮，在弹出的列表中选择讲义组中的"4 张水平放置的幻灯片"选项；单击"整页幻灯片"下拉按钮，在弹出的列表中取消选择"幻灯片加框"复选框。单击"打印"按钮开始打印。

4.7 综 合 练 习

1. 操作题要求

4.1　按要求完成以下操作。

（1）打开 PowerPoint 2016，新建空白演示文稿，第一张幻灯片版式为"标题和内容"。

（2）输入标题"计算机组成"，正文内容输入：

运算器

控制器

输入输出设备

（3）插入第二张幻灯片，要求使用"空白"版式，插入一个文本框，并在这个文本框内输入"计算机的发展阶段"和"计算机的发展概况"。

（4）选择"环保"设计模板主题修饰该演示文稿。

（5）将该演示文稿以 test30.pptx 为文件名保存。

4.2　按要求完成以下操作。

（1）新建空白演示文稿，第一张幻灯片要求使用"竖排标题与文本"版式，输入文字如图 4-3 所示。

（2）设置该幻灯片背景填充为渐变填充"顶部聚光灯-个性色 4"。

（3）设置文本框中文字段落居中，行距为 3 行，所有字体大小不变，颜色更改为 RGB(0,255,0)。

（4）将该演示文稿以 test31.pptx 为文件名

图 4-3　竖排标题与文本

保存。

4.3　按要求完成以下操作。

（1）新建空白演示文稿，第一张用"标题和内容"版式。输入标题"古诗"，输入内容如下：

锄禾日当午

汗滴禾下土

谁知盘中餐

粒粒皆辛苦

（2）设置主标题文字属性为 54 磅、黑体，文本设置为 32 磅、仿宋。

（3）去掉正文内容中的"项目符号和编号"。

（4）将该演示文稿以 test32.pptx 为文件名保存。

4.4　按要求完成以下操作。

（1）使用样本模板"框架"创建演示文稿。

（2）设置页面高度为 15 厘米，宽度为 20 厘米。

（3）切换到幻灯片母版视图，删除"标题幻灯片"版式的"页脚区"和"数字区"，将"日期区"置于页面底部中间。

（4）将该演示文稿另存为演示文稿设计模板，以 test33.potx 为文件名保存，位置默认。

4.5　按要求完成以下操作。

（1）打开第 1 题新建的演示文稿 test30.pptx。

（2）在最后插入一张新幻灯片，版式为空白。

（3）在新插入的幻灯片中加入来自文件的图片（"素材"目录下的 1.png）。

（4）利用图片超链接到第一张幻灯片。

（5）将该演示文稿以 test34.pptx 为文件名保存。

4.6　按要求完成以下操作：

时间安排	内容	备注
5-6月	系统分析	画出流程图
7-9月	编写程序	用VISUALC
10-12月	现场调试	运行

图 4-4　插入表格的内容

（1）新建空白演示文稿，第一张幻灯片应用"仅标题"版式。

（2）输入标题文字"项目安排"要求字体为华文中宋，字号为 44 磅，字形为粗体。

（3）插入如图 4-4 所示的表格，清除自带的表格样式，要求宋体、32 磅、蓝色，表格框线为黄色，2.25 磅。

（4）将该演示文稿以 test35.pptx 为文件名保存。

4.7　按要求完成以下操作。

（1）新建空白演示文稿，第一张幻灯片应用"仅标题"版式。

（2）输入文字"培训内容"作为标题，在标题下插入自选图形"横卷形"旗帜，填充颜色设置为浅桔黄色（RGB 为 255,153,0），线条颜色为黄色（RGB 为 255,255,0）。

（3）在图形中输入以下文字：

制作简单的演示文稿

制作专业化的演示文稿

使幻灯片具有丰富的颜色

使幻灯片动起来

要求设置字号44,设置文字底端对齐显示,并设置"带填充效果的钻石形项目符号"。

（4）将该演示文稿以 test36.pptx 为文件名保存。

4.8 按要求完成以下操作。

（1）新建空白演示文稿,选择 test33.potx 设计模板修饰该演示文稿;输入文字 PowerPoint 2016 作为第一张幻灯片的标题。

（2）在幻灯片右上角插入艺术字"学习篇",样式为第四行第一个,字体为黑体、48磅。

（3）将艺术字线条颜色设为RGB(红255,绿128,篮0),并给艺术字加填充效果"深蓝"。

（4）设置艺术字阴影为"外部向右偏移"。

（5）将该演示文稿以 test37.pptx 为文件名保存。

4.9 按要求完成以下操作。

（1）打开 4.5 题新建的演示文稿 test34.pptx。

（2）设置第一张幻灯片标题为强调"陀螺旋"的动画效果。

（3）设置第三张幻灯片中图片设置动画效果为"自顶部飞入",持续时间为 1.5 秒,声音为"风铃"。

（4）将该演示文稿以 test38.pptx 为文件名保存。

4.10 按要求完成以下操作。

（1）打开演示文稿 test38.pptx。

（2）将演示文稿 test36.pptx 中的幻灯片插入到当前演示文稿的后面。

（3）设置所有幻灯片切换方式为"自底部揭开",速度为 1.5 秒,按每张幻灯片放映 3 秒进行自动切换。

（4）将该演示文稿以 test39.pptx 为文件名保存在 D：\test\目录下。

2. 操作提示

4.1 简单操作步骤如下。

（1）运行 PowerPoint 2016 应用程序,单击"新建"→"空白演示文稿",自动创建一个幻灯片,选中此幻灯片,单击"开始"选项卡"幻灯片"功能区中的"版式"按钮,在列表框中选择"标题和内容"幻灯片版式。

（2）单击幻灯片的"标题"占位符,在其中输入"计算机组成";单击"内容"占位符,输入"运算器（换行）,控制器（换行）,输入输出设备（换行）"。

（3）单击"开始"选项卡"幻灯片"功能区中"新建幻灯片"的下拉按钮,在列表框中选择"空白"幻灯片版式。单击"插入"选项卡"文本"功能区中的"横排文本框"按钮,鼠标变成一把宝剑的样子,然后将鼠标指向幻灯片的空白处,按住鼠标左键拖动鼠标,在出现的文本框中输入"计算机的发展阶段"和"计算机的发展概况"。

（4）单击"设计"选项卡"主题"功能区中的"环保"按钮。

（5）单击快速访问工具栏上"保存"按钮或者选择"文件"按钮下的"保存"命令，在"另存为"对话框中选择保存路径，输入文件名 test30.pptx，单击"保存"按钮完成文档的保存。

4.2　简单操作步骤如下。

（1）运行 PowerPoint 2016 应用程序，单击"空白演示文稿"，系统新建一个包含一个幻灯片的演示文稿。单击"开始"选项卡"幻灯片"功能区中的"版式"按钮，在列表框中选择"竖排标题与文本"幻灯片版式。在幻灯片中输入图 4-3 中的文字。

（2）单击"设计"选项卡，在右边的"自定义"功能区中，选择"设置背景格式"命令，打开"设置背景格式"窗格，单击窗格下的"填充"选项卡，选择"渐变填充"。单击"预设渐变"下拉按钮，在展开的列表框中选择"顶部聚光灯-个性色 4"，单击"设置背景格式"窗格标题栏右边的关闭按钮结束设置。

（3）选中"内容"占位符，单击"开始"选项卡"段落"功能区中的"居中"按钮，设置段落居中对齐。单击"开始"选项卡"段落"功能区中的"行距"下拉按钮，在弹出的列表框中选择"3.0"。单击"开始"选项卡"字体"功能区中的"颜色"按钮，在弹出的列表框中选择"其他颜色"选项。在"颜色"对话框中选择"自定义"选项卡。在该选项卡中设置颜色模式为RGB，红色为 0，绿色为 255，蓝色为 0。单击"确定"按钮完成设置。

（4）单击快速访问工具栏上的"保存"按钮，或者选择"文件"按钮下的"保存"命令，在"另存为"对话框中选择保存路径，输入文件名 test31.pptx，单击"保存"按钮完成文档的保存。

4.3　简单操作步骤如下。

（1）运行 PowerPoint 2016 应用程序，单击"空白演示文稿"，新建一个演示文稿。单击"开始"选项卡"幻灯片"功能区中的"版式"下拉按钮，在列表框中选择"标题和内容"幻灯片版式。在"标题"占位符中输入"古诗"，在"正文内容"占位符中输入"锄禾日当午（换行），汗滴禾下土（换行），谁知盘中餐（换行），粒粒皆辛苦"。

（2）单击"标题"占位符或者选中标题文字，单击"开始"选项卡"字体"功能区中的"字体"下拉按钮，在弹出的列表框中选择字体为黑体。单击"开始"选项卡"字体"功能区中的"字号"按钮，在弹出的列表框中选择字号为 54。单击"正文内容"占位符或者选中正文文字，单击"开始"选项卡"字体"功能区中的"字体"按钮，在弹出的列表框中选择字体为仿宋。单击"开始"选项卡"字体"功能区中的"字号"按钮，在弹出的列表框中选择字号为 32。

（3）单击"开始"选项卡"段落"功能区中的"项目符号"下拉按钮，在弹出的列表框中选择"无"。

（4）单击快速访问工具栏上的"保存"按钮或者选择"文件"按钮下的"保存"命令，在"另存为"对话框中选择保存路径，输入文件名 test32.pptx，单击"保存"按钮完成文档的保存。

4.4　简单操作步骤如下。

（1）运行 PowerPoint 2016 应用程序。选择"文件"→"新建"命令，选择单击"框架"模板，打开"框架"模板选择对话框，单击"创建"按钮。

（2）单击"设计"选项卡"自定义"功能区中的"幻灯片大小"按钮，在弹出的列表框中选择"自定义幻灯片大小"按钮，打开"幻灯片大小"对话框。在对话框中设置页面高度为15厘米，宽度为20厘米。

（3）单击"视图"选项卡，在"母版视图"中单击"幻灯片母版"按钮，在窗口左侧窗格中选择"标题幻灯片"版式，在窗口右侧的编辑区选择"页脚区"占位符，按下 Delete 键删除"页脚区"。选择"数字区"占位符，按下 Delete 键删除"数字区"。单击选择"日期区"占位符，单击"绘图工具"→"格式"→"排列"功能区的"对齐"下拉按钮，选择"水平居中"。单击"幻灯片母版"选项卡"关闭"功能区中的"关闭母版视图"按钮。关闭幻灯片母版设置。

（4）单击快速访问工具栏上"保存"按钮，或者选择"文件"按钮下的"另存为"命令，在"另存为"对话框中双击"这台电脑"，弹出另存为对话框，先在保存类型中选择保存类型"PowerPoint 模板（＊.potx）"，文件名输入 test33.potx，位置默认（不需要修改），单击"保存"按钮完成文档的保存。

4.5　简单操作步骤如下。

（1）运行 PowerPoint 2016 应用程序，选择"文件"按钮下的"打开"命令，在"打开"对话框中选择文件 test30.pptx，单击"打开"按钮。

（2）在"普通视图"中，单击窗口左侧窗格中的"幻灯片"选项卡，选择最后一张幻灯片，按回车键，插入一张新的幻灯片。单击"开始"选项卡"幻灯片"功能区中的"版式"下拉按钮，在列表框中选择"空白"幻灯片版式。

（3）单击"插入"选项卡"图像"功能区中的"图片"按钮，打开"插入图片"对话框，找到图片所在的位置，即"素材"目录，选择 1.png，单击"插入"按钮。

（4）选中幻灯片中的图片，单击"插入"选项卡"链接"功能区中的"超链接"按钮，打开"插入超链接"对话框。在"插入超链接"对话框中选择"链接到"组中的"本文档中的位置"选项，在"请选择文档中的位置"列表框中选择"第一张幻灯片"选项（也在展开的"幻灯片标题"下一级结构中选择"1"），单击"确定"按钮结束。

（5）选择"文件"选项卡下的"另存为"命令，在"另存为"对话框中选择保存路径，输入文件名 test34.pptx，单击"保存"按钮完成文档的保存。

4.6　简单操作步骤如下。

（1）运行 PowerPoint 2016 应用程序，新建一个空白演示文稿。单击"开始"选项卡"幻灯片"功能区中的"版式"按钮，在列表框中选择"仅标题"幻灯片版式。

（2）在"标题"占位符中输入标题"项目安排"。单击"标题"占位符或者选中标题文字，单击"开始"选项卡"字体"功能区中的"字体"下拉按钮，在弹出的列表框中选择字体为华文中宋。"字体"功能区单击"字号"下拉按钮，选择字号为 44。"字体"功能区单击 B 按钮设置字形粗体。

（3）单击"插入"选项卡"表格"功能区中的"表格"按钮，在弹出的列表框中选择 4 行 3列。选中表格，在"设计"选项卡"表格样式"中，单击"其他"按钮，在弹出的下拉列表中选择"清除表格"。选中表格，单击"开始"选项卡"字体"功能区中的"字体"按钮，在下拉列表框中单击"宋体"。单击"字号"按钮，在下拉列表框中单击"32"。单击"颜色"按钮，在下拉列表框中单击"蓝色"按钮。单击"设计"选项卡"绘制边框"功能区中的"笔画粗细"按钮，在弹出的下拉列表框中选择"2.25 磅"。单击"绘制边框"功能区中的"笔颜色"按钮,在弹出的下拉列表框中选择"黄色"。单击"设计"选项卡"表格样式"中的"边框"按钮,在弹出的下拉列表中选择"所有框线"。

(4) 单击快速访问工具栏上的"保存"按钮,或者选择"文件"按钮下的"保存"命令,在"另存为"对话框中选择保存路径,输入文件名 test35.pptx,单击"保存"按钮完成文档的保存。

4.7　简单操作步骤如下。

(1) 运行 PowerPoint 2016 应用程序,新建一个空白演示文稿。单击"开始"选项卡"幻灯片"功能区中的"版式"按钮,在列表框中选择"仅标题"幻灯片版式。

(2) 在标题占位符中输入标题文字"培训内容"。单击"插入"选项卡"插图"功能区中的"形状"按钮,在列表框中选择"星与旗帜"→"横卷形",鼠标变成十字形,在幻灯片上拖动鼠标,生成横卷图形。选中该图形,单击"格式"选项卡"形状样式"功能区中的"形状填充"按钮,在下拉列表框中选择"其他填充颜色",在打开的"颜色"对话框中选择"自定义"选项卡。在该选项卡中设置颜色模式为 RGB,红色为 255,绿色为 153,蓝色为 0,单击"确定"按钮关闭对话框。单击"形状轮廓"按钮,在下拉列表框中选择"其他轮廓颜色",在打开的"颜色"对话框中选择"自定义"选项卡,在该选项卡中设置颜色模式为 RGB,红色为 255,绿色为 255,蓝色为 0,单击"确定"按钮关闭对话框。

(3) 选中"横卷形"旗帜图形,右击,在弹出的快捷菜单中选择"编辑文字",然后输入指定文字内容。单击"开始"选项卡"字体"功能区中的"字号"按钮,在下拉列表框中选择44。单击"开始"选项卡"段落"功能区中的"对齐文本"按钮,在下拉列表框中选择"底端对齐"。单击"开始"选项卡"段落"功能区中的"项目符号"按钮,在下拉列表框中选择"带填充效果的钻石形项目符号"。

(4) 单击快速访问工具栏上"保存"按钮,或者选择"文件"按钮下的"保存"命令,在"另存为"对话框中选择保存路径,输入文件名 test36.pptx,单击"保存"按钮完成文档的保存。

4.8　简单操作步骤如下。

(1) 运行 PowerPoint 2016 应用程序,单击"文件"按钮下的"新建"命令,在打开的右边窗口单击"自定义",选择"自定义 Office 模板",在打开的窗口中选择 test33。在弹出的对话框中单击"创建"按钮完成。在第一张幻灯片的"标题"占位符中输入标题文字PowerPoint 2016。

(2) 单击"插入"选项卡"文本"功能区中的"艺术字"按钮,在弹出的艺术字样式列表中单击第四行第一个艺术字样式。在幻灯片中出现的文本框中输入文字"学习篇"。单击"开始"选项卡"字体"功能区中的"字体"按钮,在下拉列表框中选择"黑体"。"字号"下拉列表框中选择 48。将艺术字"学习篇"拖动到幻灯片右上角。

(3) 选中艺术字文本框,单击"绘图工具"下"格式"选项卡"艺术字样式"功能区中的"文本填充"按钮,选择颜色为"深蓝"。选择"文本轮廓"按钮下的"其他轮廓颜色"命令。在打开的"颜色"对话框中选择"自定义"选项卡,在该选项卡中设置颜色模式为 RGB,红色为 255,绿色为 128,蓝色为 0,单击"确定"按钮关闭对话框。

（4）单击"绘图工具"下"格式"选项卡"艺术字样式"功能区中的"文本效果"按钮,选择"阴影"命令,在展开的级联菜单中单击"外部"组中的"向右偏移"按钮。

（5）单击快速访问工具栏上"保存"按钮,或者选择"文件"按钮下的"保存"命令,在"另存为"对话框中选择保存路径,输入文件名 test37.pptx,单击"保存"按钮完成文档的保存。

4.9　简单操作步骤如下。

（1）运行 PowerPoint 2016 应用程序,选择"文件"按钮下的"打开"命令,在"打开"对话框中选择文件 test34.pptx,单击"打开"按钮。

（2）选中第一张幻灯片的标题,单击"动画"选项卡"动画"功能区中的"其他"按钮,在弹出的动画下拉列表框中选择"强调"下的"陀螺旋"选项,单击"确定"按钮完成设置。

（3）选中第三张幻灯片中的图片,单击"动画"选项卡"动画"功能区中的"其他"按钮,在弹出的下拉列表框中选择"进入"组中的"飞入"。单击"动画"选项卡"动画"功能区中的"效果选项"按钮,在弹出的下拉列表框中选择"自顶部"。单击"动画"选项卡"高级动画"功能区中的"动画窗格"按钮,打开"动画窗格"任务窗格。然后单击任务窗格中的动画选项右边的向下箭头按钮,在下拉框中选择"效果选项",在弹出的"飞入"对话框的"效果"选项卡中,单击"增强"栏中的"声音"下拉列表框按钮,在列表框中选择"风铃",单击"确定"按钮。单击"动画"选项卡"计时"功能区,修改持续时间为"1.5 秒",单击"确定"按钮关闭对话框。

（4）选择"文件"按钮下的"另存为"命令,在"另存为"对话框中选择保存路径,输入文件名 test38.pptx,单击"保存"按钮完成文档的保存。

4.10　简单操作步骤如下。

（1）运行 PowerPoint 2016 应用程序,选择"文件"按钮下的"打开"命令,在"打开"对话框中选择文件名 test38.pptx,单击"打开"按钮。

（2）选择最后一张幻灯片,单击"开始"选项卡"幻灯片"功能区中的"新建幻灯片"按钮,在弹出的列表框中选择"重用幻灯片"命令,在打开的"重用幻灯片"窗格中,单击"浏览"按钮,在弹出的下拉列表框中选择"浏览文件"选项,将打开"浏览"对话框。在"浏览"对话框中选择文件 test36.pptx,单击"打开"按钮关闭对话框。此时,在"重用幻灯片"窗格中将以缩略图的形式显示 test36.pptx 演示文稿中所有的幻灯片。单击需要插入的幻灯片缩略图,即可将该幻灯片插入到当前的演示文稿中。

（3）单击"切换"选项卡"切换到此幻灯片"功能区中的"其他"按钮,在弹出的下拉列表框中选择"细微型"组中的"揭开"。单击"效果选项"按钮,在弹出的下拉列表框中选择"自底部"。在"持续时间"框中输入"01.50"。在"换片方式"中,选中"设置自动换片时间"复选框,并在框中输入"00：03.00",再单击其中的"全部应用"按钮。

（4）选择"文件"下的"另存为"命令,在"另存为"对话框中选择保存路径,输入文件名 test39.pptx,单击"保存"按钮完成文档的保存。

第5章

Internet 应用

5.1 IE 浏览器的基本操作

【实验目的】

- 掌握 IE 浏览器的打开、关闭和使用。
- 掌握 IE 浏览器中网页浏览操作。
- 掌握 IE 浏览器快速浏览网页的技巧。
- 掌握 IE 浏览器中历史记录查看与收藏夹的使用。
- 掌握 IE 浏览器中网页保存、复制与打印操作。

【实验内容及案例】

1. 打开、关闭和使用 IE 浏览器

1) 实验内容

(1) 打开 IE 浏览器，输入上海交通大学的主页地址 www.sjtu.edu.cn。

(2) 浏览网页，然后关闭 IE 浏览器。

2) 操作步骤

(1) 双击 Windows 10 操作系统桌面上的 IE 浏览器图标，打开 IE 浏览器。在浏览器的地址栏中输入上海交通大学的主页地址 http：//www.sjtu.edu.cn。

(2) 输入地址后，按回车键，可浏览网页。单击浏览器窗口标题栏的关闭按钮，或者将鼠标指向地址栏上方的空白处，右击鼠标，在弹出的快捷菜单中选择"关闭"命令，或者单击"文件"菜单，在打开的菜单中选择"关闭标签页"命令，或者按键盘组合键 Alt＋F4，都可以关闭 IE 浏览器窗口。

2. 网页浏览操作

1）实验内容

（1）打开上海交通大学主页，练习停止、刷新和翻页等操作。
（2）对要查看的链接网页使用多窗口浏览；使用全屏方式浏览网页。

2）操作步骤

（1）打开上海交通大学的主页，单击网页中的超链接对象，浏览其他网页。当网页在下载显示的过程中，单击"地址栏"中的"停止"按钮，可停止网页的下载显示；单击"刷新"按钮，可以重新下载当前网页；单击"前进"和"后退"按钮，可以翻看曾经浏览过的网页；单击"主页"按钮，可以使 IE 浏览器显示默认的主页。

（2）将鼠标指向网页中要浏览内容的超链接对象，然后右击鼠标，在弹出的快捷菜单中选择"在新窗口中打开"命令，浏览的内容将在新打开的窗口中显示；右击鼠标，在弹出的快捷菜单中选择"在新标签页中打开"命令，则浏览的内容将在新打开的标签页界面中显示；选择菜单栏的"查看"下的"全屏"命令，实现全屏方式浏览网页。

3. 快速浏览网页的技巧

1）实验内容

（1）加快网页的显示速度。
（2）快速显示以前浏览过的网页。

2）操作步骤

（1）在 IE 浏览器窗口的"工具"菜单上，单击"Internet 选项"。在"Internet 选项"对话框的"高级"选项卡中，在设置列表框中取消选中"显示图片""在网页中播放声音"或"在网页中播放动画"复选框，可加快页面的浏览速度。

（2）在 IE 浏览器窗口的"工具"菜单上，单击"Internet 选项"。在"Internet 选项"对话框的"常规"选项卡的"浏览历史记录"栏中，单击"设置"按钮。在"使用的磁盘空间"变数框中设置更多的空间来存储曾经浏览过的网页。

4. 历史记录查看与收藏夹设置

1）实验内容

（1）通过"历史记录"浏览以前看过的上海交通大学主页记录。
（2）在"收藏夹"中新建文件夹"大学"；将上海交通大学主页收藏到"大学"文件夹中；使用收藏夹浏览上海交通大学主页。

2）操作步骤

（1）打开 IE 浏览器，选择菜单栏上的"查看"选项，在弹出的列表中选择"浏览器栏"→"历史记录",然后在"历史记录"选项卡上单击其中的日期记录。在展开的记录中,寻找上海交通大学的网站记录,单击该记录。在展开的网页中,单击上海交通大学主页记录。

（2）选择菜单栏上的"收藏夹"选项,在弹出的列表中,选择"整理收藏夹"命令。然后在弹出的"整理收藏夹"对话框中单击"新建文件夹"按钮,为文件夹输入名字"大学",单击"关闭"按钮,完成在"收藏夹"中新建文件夹"大学"的操作。打开上海交通大学主页,然后单击菜单栏上的"收藏夹"按钮,在弹出的列表中选择"添加到收藏夹"命令。在弹出的"添加收藏"对话框中单击"收藏夹"下拉按钮,在展开的列表中选择"大学"文件夹,单击"添加"按钮,完成主页的收藏。打开 IE 浏览器,单击"查看收藏夹、源和历史记录"按钮,在弹出的列表中,选择"收藏夹"选项卡,单击"大学"文件夹下的"上海交通大学"记录,则会在浏览器中下载并显示上海交通大学主页。

5. 网页的保存、复制与打印

1）实验内容

（1）在 D 盘建立 test 目录,以下文件都保存到该目录,打开上海交通大学的主页,保存左上角的学校的 Logo 图片,在 IE 中打印该主页。

（2）保存网页为"Web 档案,单个文件",即 mht 文件。

（3）下载一张 IE 页面中的图片作为桌面墙纸。

（4）在主页新闻栏内单击一条新闻链接,打开相关的新闻内容页面,复制其中一部分的文本到记事本中并保存,文件名为"新闻. txt"。

（5）将新闻整页信息从当前页复制到 Word 文档并保存,文件名为"新闻. docx"。

2）操作步骤

（1）在 D 盘建立 test 目录,浏览上海交通大学主页,将鼠标指向主页左上角的有"上海交通大学"字样的 Logo 图片,右击,在弹出的快捷菜单中选择"图片另存为"命令,在弹出的"另存为"对话框中选择相应的 test 目录,然后单击"保存"按钮予以保存。选择 IE 浏览器的"文件"→"打印"命令,或者单击"工具栏"中的"打印"图标右侧的下拉按钮,在展开的级联菜单中选择"打印"命令,都将弹出"打印"对话框,单击其中的"打印"按钮。

（2）使用浏览器打开要保存的网页,然后选择 IE 浏览器中的"文件"→"另存为"命令,或者选择"工具栏"中的"页面"命令,在展开的级联菜单中选择"另存为"命令,都将弹出"保存网页"对话框。在该对话框中展开"保存类型"下拉列表,选择其中的"Web 档案,单个文件(＊.mht)",选择保存的文件夹,然后单击"确定"按钮。

（3）选择浏览器中包含图片的页面,右击图片,然后选择"设置为背景"命令。

（4）在上海交通大学主页上单击一条新闻链接打开相关的新闻内容页面,用鼠标选择要复制的新闻内容,使文字呈现反相显示状态,右击,在弹出的快捷菜单中选择"复制"命令,然后打开记事本程序,选择"编辑"→"粘贴"命令,并将文件保存到 test 目录下,文件起名为"新闻.txt"。

（5）拖动鼠标选择整页的内容或者单击"编辑"菜单，然后选择"全选"命令（或者按组合键 Ctrl＋A），在"编辑"菜单中，选择"复制"命令。新建一个 Word 文档，选择文档下"编辑"菜单中的"粘贴"命令，即可完成信息的复制，将文件保存到 test 目录下，文件起名为"新闻.docx"。

5.2　IE 浏览器的选项设置

【实验目的】

- 掌握 IE 浏览器的常规设置方法。
- 掌握代理服务器的设置方法。
- 掌握脱机浏览与快速浏览的设置方法。
- 掌握浏览器的安全访问网页的设置方法。
- 掌握个人信息的设置方法。
- 掌握网页浏览的高级设置方法。

【实验内容及案例】

1. 常规设置

1）实验内容

（1）打开 IE 浏览器，设置浏览器主页地址为 http：//www.baidu.com/，设置 Internet 临时文件夹的磁盘空间为 500MB，设置网页在历史记录中保留的天数为 100 天。

（2）设置浏览器访问过的链接文本颜色为桃红色，未访问过的链接文本颜色为橘红色；设置浏览器纯文本字体为隶书。

2）操作步骤

打开 IE 浏览器窗口，单击"工具"按钮，选择"Internet 选项"命令，打开"Internet 选项"对话框。在对话框中选择"常规"选项卡，在"主页"栏的"地址"文本框中输入 http：//www.baidu.com/；在"浏览历史记录"栏中单击"设置"按钮，在弹出的"网站数据设置"对话框的"Internet 临时文件"选项卡中，"使用的磁盘空间"变数框中输入 500。再单击"历史记录"选项卡，将"历史记录中保存网页的天数"的数值设为 100。最后单击"确定"按钮。

单击"工具"按钮，选择"Internet 选项"命令，打开"Internet 选项"对话框。选择"常规"选项卡，单击"外观"栏中的"颜色"按钮，在弹出的"颜色"对话框中，取消选中"使用

Windows 颜色"复选框。单击"访问过的："颜色按钮,在新弹出的"颜色"设置对话框中选
择桃红色;在"颜色"对话框中单击"未访问的："颜色按钮,在新弹出的"颜色"设置对话框
中选择橘红色。在"Internet 选项"对话框中选择"常规"选项卡,单击其中的"字体"按钮,
在弹出的"字体"对话框中选择"纯文本字体："为隶书。

2. 代理服务器的设置

1) 实验内容

设置浏览器使用代理服务器访问 Internet,假设参数为代理服务器地址是 10.10.10.1,
端口号是 8000,对本地地址不使用代理服务器。

2) 操作步骤

单击"工具"按钮,选择"Internet 选项"命令,打开"Internet 选项"对话框。选择"连
接"选项卡,单击其中的"局域网设置"按钮,在弹出的"局域网(LAN)设置"对话框中,选
择"代理服务器"栏中的"为 LAN 使用代理服务器"选项,在"地址"和"端口"的文本框中
分别输入 10.10.10.1 和 8000,再选择"对于本地地址不使用代理服务器"选项。

3. 快速浏览设置

1) 实验内容

设置浏览器在浏览网页过程中不显示图片,不播放动画和声音,以加快浏览的速度。

2) 操作步骤

打开 IE 浏览器窗口,单击"工具"按钮,选择"Internet 选项"命令,在弹出的"Internet
选项"对话框中选择"高级"选项卡。在"设置"列表框中,找到"多媒体"列表项,取消选中
"显示图片""在网页中播放动画""在网页中播放声音"复选框,则在网页浏览的过程中不
会下载图片信息,不播放动画和声音,以加快浏览的速度。

4. 网页安全浏览设置

1) 实验内容

设置浏览器选项,使浏览器在浏览网页时不运行脚本程序,以实现安全浏览网页。

2) 操作步骤

打开 IE 浏览器窗口,单击"工具"按钮,选择"Internet 选项"命令,在弹出的"Internet
选项"对话框中选择"安全"选项卡,在区域选择框中选择 Internet 区域,单击其中的"自定
义级别"按钮。在弹出的"安全设置-Internet 区域"对话框中,找到"设置"框中的"ActiveX
控件和插件"下的"二进制文件和脚本行为"设置项,将其设置为"禁用"。再将"脚本"下的
"Java 小程序脚本"和"活动脚本"分别设置为"禁用"。单击"确定"按钮回到"Internet 选

项"对话框中,再单击"确定"按钮。

5. 个人信息的设置

1) 实验内容

设置 IE 浏览器去掉自动记录表单上的用户名和密码的功能,并将 IE 浏览器已经记录的表单和密码清除。

2) 操作步骤

(1) 打开 IE 浏览器窗口,单击"工具"按钮,选择"Internet 选项"命令,在弹出的"Internet 选项"对话框中选择"内容"选项卡,单击"自动完成"栏中的"设置"按钮,在弹出的"自动完成设置"对话框中,取消选中"表单上的用户名和密码"复选框;单击"删除自动完成历史记录"按钮,在弹出的"删除浏览的历史记录"对话框中,选择"表单数据"和"密码"两个选项,其余不选,单击"删除"按钮来清除已经记录的信息。单击"确定"按钮回到"Internet 选项"对话框中,再单击"确定"按钮完成设置。

(2) 单击"工具"按钮,在下拉菜单中选择"删除浏览的历史记录"命令,也可清除已经记录的信息。

6. 网页浏览的高级设置

1) 实验内容

(1) 设置 IE 浏览器的选项,使浏览器显示的网页中,所有设置为超链接的对象在网页中从不加下画线。

(2) 设置 IE 浏览器的选项,使浏览器关闭后自动清空"Internet 临时文件"文件夹。

(3) 设置 IE 浏览器的选项,使浏览器启用联机自动完成功能

2) 操作步骤

(1) 打开 IE 浏览器窗口,单击"工具"按钮,选择"Internet 选项"命令,在弹出的"Internet 选项"对话框中选择"高级"选项卡,在"设置"列表框中找到"浏览"下的"为链接加下画线",将其设置为"从不",单击"确定"按钮结束设置。

(2) 打开 IE 浏览器窗口,单击"工具"按钮,选择"Internet 选项"命令,在弹出的"Internet 选项"对话框中选择"高级"选项卡,在"设置"列表框中找到"安全"下的"关闭浏览器时清空'Internet 临时文件'文件夹"选项,选中该选项。单击"确定"按钮结束设置。

(3) 打开 IE 浏览器窗口,单击"工具"按钮,选择"Internet 选项"命令,在弹出的"Internet 选项"对话框中选择"高级"选项卡,在"设置"列表框中,选中"浏览"下的"在Internet Explorer 地址栏和'打开'对话框中使用直接插入自动完成功能"复选框。单击"确定"按钮结束设置。

5.3　IE 浏览器的应用

【实验目的】

- 掌握搜索引擎的使用方法。
- 掌握使用 IE 浏览器访问 FTP 站点的方法。

【实验内容及案例】

1. 搜索引擎的使用

1）实验内容

（1）打开"百度"搜索主页，搜索出所有同时包含"姚明"和"刘翔"的网页。
（2）搜索歌曲《挪威的森林》，但结果中不包含 RM 格式的歌曲。

2）操作步骤

（1）打开 IE 浏览器，输入"百度"搜索网站的主页地址 http：//www. baidu. com，然后按回车键，在网页的文本框中输入"姚明 刘翔"。
（2）打开 IE 浏览器，输入"百度"搜索网站的主页地址 http：//www. baidu. com，然后按回车键，在网页的文本框中输入"歌曲 挪威的森林 -(RM)"。

2. 使用 IE 浏览器访问 FTP 站点

1）实验内容

使用 IE 浏览器访问 FTP 站点 ftp：//ftp. gnu. org/，进入目录 gnu/gcc，将其中的文件 README. olderversions 下载到本地硬盘 D 盘新建的文件夹 download 中。

2）操作步骤

（1）在 D 盘新建文件夹 download。
（2）打开 IE 浏览器，在地址栏中输入 ftp：//ftp. gnu. org/，然后按回车键，再依次进入以下目录 gnu/gcc。选择要下载的文件后右击，在弹出的快捷菜单中选择"目标另存为"命令，在打开的"另存为"对话框中选择存放文件的目录。或者直接将该文件拖放到本地目标文件夹中。

5.4　电子邮件 Outlook 的使用

【实验目的】

- 掌握 Outlook 的参数设置方法。
- 掌握 Outlook 的基本使用方法。
- 掌握邮件的信纸、签名和附件的设置方法。
- 掌握 Outlook 的邮件管理操作方法。
- 掌握通讯簿的设置方法。

【实验内容及案例】

1. Outlook 的参数设置

1）实验内容

打开 Outlook 2016,在其中设置邮件账号(用户已申请成功的账号,并要记录用户所使用的邮件发送服务器和接收服务器的 IP 地址或域名)。

2）操作步骤

(1) 打开 Outlook,单击"文件"按钮,在右边窗格单击"添加账户"按钮,系统弹出"添加账户"对话框。

(2) 在对话框中,选中"手动设置或其他服务器类型"选项,然后单击"下一步"按钮。

(3) 在"选择服务"窗口选中"POP 或 IMAP(P)"选项,然后单击"下一步"按钮。

(4) 在"POP 和 IMAP 账户设置"窗口,输入用户信息(姓名、电子邮件地址)、服务器信息(账户类型、接收邮件服务器、发送邮件服务器域名或地址)和登录信息(用户名、密码),单击"其他设置"按钮打开"Internet 电子邮件设置"对话框,在对话框中选择"发送服务器"选项卡,选中"我的发送服务器(SMTP)要求验证"复选框,单击"确定"按钮返回上一层窗口,然后在窗口中单击"测试账户设置"按钮打开"测试账户设置"对话框,等待测试成功后,单击"关闭"按钮回到上层窗口。

(5) 单击"完成"按钮,完成邮件账户的设置。

2. Outlook 的基本使用

1）实验内容

(1) 打开 Outlook,接收和阅读邮件。

(2) 打开一封邮件,并将其转发或者回复。

（3）撰写一封新的邮件并发送，同时将该邮件抄送给其他人。

2）操作步骤

（1）运行 Outlook 2016，可以单击"发送/接收"选项卡，在"发送和接收"功能区中，选择"发送/接收所有文件夹"选项。要阅读邮件，可双击导航窗格下方的"邮件"按钮切换到邮件视图，在展开的邮箱地址文件夹列表中，单击"收件箱"文件夹，这时导航窗格旁边的主邮件列表窗格中会显示已阅读或未阅读的邮件列表。单击其中某一封邮件，则邮件内容会在其右侧的"阅读窗格"中显示出来。若要仔细阅读某封邮件，可在主邮件列表中双击该邮件，此时将弹出一个邮件阅读窗口，新的窗口中包括了发件人的姓名、电子邮件地址、发送的时间和主题以及收件人的姓名等，在下面的显示区中显示信件内容，在该窗口的"邮件"选项卡中可选择相应命令进行邮件的答复、转发等操作。

（2）在主邮件列表中选择要转发或者回复的信件，单击"开始"选项卡，在"响应"功能区中选择"答复"选项，在右侧打开的窗格中输入答复的内容，然后发送即可；若要转发，则选择在"响应"功能区中的"转发"选项，在右侧的窗格的收件人文本框中输入转发的收件人的电子邮件地址，然后发送即可。也可以在主邮件列表项中右击要转发或答复的邮件列表项，在弹出的快捷菜单中选择"答复"或"转发"命令。

还可以用下述方法进行"答复"和"转发"：双击主邮件列表项中的某个邮件，在弹出的邮件阅读窗口的"邮件"选项卡的"响应"功能区中选择"答复"或"转发"选项进行答复或转发。

（3）运行 Outlook 2016，在 Microsoft Outlook 窗口中，选择"开始"选项卡，在"新建"功能区中，单击"新建电子邮件"按钮，将弹出一个"邮件"窗口。在"邮件"窗口中的"收件人"框中填入收件人的邮件地址，在"抄送"文本框中输入要抄送给的收件人的邮件地址，多个地址之间用分号隔开；在"主题"框中输入邮件主题；在邮件编辑框中输入邮件的内容。单击"发送"按钮发送信件。

3. 邮件的信纸、签名和附件设置

1）实验内容

（1）打开 Outlook，撰写一封邮件，并为邮件添加信纸和附件。
（2）设置签名"此致，敬礼！"和发件人的姓名，并在新写的邮件中使用签名。

2）操作步骤

（1）运行 Outlook，选择"文件"选项卡，单击"选项"按钮，在弹出的"Outlook 选项"窗口中，选择左侧列表中的"邮件"选项卡，在"撰写邮件"栏中选择"信纸和字体"按钮，在弹出的"签名和信纸"对话框的"个人信纸"选项卡中，单击"主题"按钮，在弹出的"主题和信纸"对话框中选择一种主题即可。

在新邮件编辑窗口中选择"插入"选项卡，然后单击"添加"功能区中的"附加文件"按钮，在下拉列表中选择"浏览此电脑"选项，在弹出的"插入文件"对话框中选择附加文件，

然后单击"插入"按钮。

（2）在 Outlook 中，选择"文件"选项卡，单击"选项"按钮，在弹出的"Outlook 选项"窗口中选择左侧列表中的"邮件"选项卡，在窗口右侧"撰写邮件"栏中单击"签名"按钮，在弹出的"签名和信纸"对话框的"电子邮件签名"选项卡中，单击"新建"按钮，在弹出的对话框中输入签名名称，然后在"编辑签名"下面的文本框中输入"此致，敬礼！"和发件人姓名，单击"保存"按钮，单击"确定"按钮回到"Outlook 选项"窗口，再单击"确定"按钮完成添加。

若要在新邮件中插入签名，则在新邮件编辑窗口中单击"插入"选项卡，然后单击"添加"功能区中的"签名"按钮，在列表中选择一个签名的名称选项即可。

4．Outlook 的邮件管理操作

1）实验内容

（1）删除收件箱中的指定邮件，清除所有已经删除的邮件。

（2）新建一个文件夹"朋友"，将收件箱中的朋友的邮件复制或者移动到"朋友"文件夹中。

2）操作步骤

（1）打开"收件箱"，在主邮件列表中选择要删除的邮件，然后单击"开始"选项卡下的"删除"功能区中的"删除"按钮；或者右击该邮件，在弹出菜单中选择"删除"命令。删除的邮件将被保存到"已删除邮件"文件夹中。要想彻底删除某封邮件，可在"已删除邮件"文件夹中选中该邮件，再次单击"删除"按钮。此时，Outlook 将给出提示信息"这将永久删除，是否继续？"若选择"是"，则邮件被彻底删除。如果要清空整个"已删除邮件"文件夹，可右击"已删除邮件"文件夹，在弹出的快捷菜单中选择"清空文件夹"命令。

（2）在邮件视图下，右击"导航栏"的邮箱名，在弹出的快捷菜单中选择"新建文件夹"命令，系统在邮箱名下添加一个文本框，在该文本中输入新建文件夹的名称"朋友"，按回车键即可。

单击"收件箱"文件夹，选中要复制或者移动的邮件，将它们拖放到导航窗格中的目标文件夹中即可（拖放时按下 Ctrl 键即可实现复制，不按 Ctrl 键为移动）。也可以右击要移动的邮件，在弹出的快捷菜单中选择"移动"命令，在级联菜单中选择"其他文件夹"，将弹出一个"移动项目"对话框，选择目标文件夹，单击"确定"按钮即可实现邮件的移动。

5．通讯簿的设置

1）实验内容

（1）在通讯簿中添加两个联系人"张明"（mzhang@163.com）和"孙燕"（ysun@163.com）。

（2）在通讯簿中建立两个组"朋友"和"同学"，然后将前面创建的联系人"张明"添加到"朋友"组中，"孙燕"添加到"同学"组中。

（3）给通讯簿中的联系人"张明"发送邮件；给通讯簿"同学"组中的所有人发送同一

封邮件。

2）操作步骤

（1）运行 Outlook，单击"开始"选项卡，在"新建"功能区中单击"新建项目"按钮，在展开的列表中选择"联系人"选项。在弹出"新建联系人"窗口中输入"张明"及其职务、昵称和邮件地址，邮件地址可输入多个，单击"保存并新建"按钮可以继续新建联系人。用同样的方法添加联系人"孙燕"，添加完信息后单击"保存并关闭"按钮。

（2）在 Outlook 窗口中，单击"开始"选项卡，在"新建"功能区中单击"新建项目"按钮，在展开的列表中选择"其他项目"→"联系人组"选项。在弹出的"新建联系人组"窗口中输入组名"朋友"。在该窗口的"联系人"选项卡的"成员"功能区中，单击"添加成员"按钮，在展开的菜单中选择"从通讯簿"命令或者"来自 Outlook 联系人"命令。在打开的"选择成员：联系人"对话框中的联系人列表中选择联系人"张明"，然后单击"成员"按钮。若要添加多人，则每选择一位联系人就单击一下"成员"按钮。单击"确定"按钮完成联系人的添加，回到"新建联系人组"窗口中单击"保存并关闭"按钮。"同学"组的建立和向其中添加联系人"孙燕"的方法同上。

（3）在 Outlook 窗口中，在导航窗格下边单击最左侧的"邮件"按钮，单击"开始"选项卡下的"新建"功能区"新建电子邮件"按钮，打开新建邮件窗口，在邮件编辑区上方单击"收件人"按钮打开"选择姓名：联系人"对话框，在"通讯簿"下拉列表中选择"联系人（仅限于此计算机）"，在下面的联系人列表框中选择"张明"，单击"收件人"按钮即可将"张明"的邮件地址信息加入"收件人"文本框中，单击"确定"按钮回到新建邮件窗口，编辑邮件主题、内容等并单击"发送"按钮。给通讯簿"同学"组中的所有人发送同一封邮件的操作同上，只是需要在联系人列表框中选择"同学"组。

5.5　综合练习

1．操作题要求

5.1　完成下面的操作。

假设计算机要设置的 IP 地址是 192.168.10.100，网关是 192.168.10.1，子网掩码是 255.255.255.12，DNS 服务器地址是 192.168.1.254。按照上面的参数配置计算机。

5.2　完成下面的操作。

（1）使用命令的方式查看计算机的 IP 地址和 MAC 地址。

（2）使用命令的方式测试网卡是否正常工作，检测网络的连接状况。

5.3　运行 IE 浏览器，并完成下面的操作。

（1）将上海交通大学的网址设置为浏览器的默认主页。

（2）打开主页，浏览其中的"综合信息"网页，并将该网页以文本文件的格式保存到 D 盘的 test 目录下，文件名为"综合信息.txt"。

5.4 运行 IE 浏览器,并完成下面的操作。

(1) 打开上海交通大学主页,浏览"概况"中的"学校简介"网页。

(2) 在收藏夹中创建一个文件夹"大学",将上面的网页地址收藏到该文件夹中。

(3) 选择网页左上角的"上海交通大学"校名的图片,并将该图片保存到 D 盘的 test 目录下,文件名为"上海交通大学校名图片.bmp"。

5.5 运行 IE 浏览器,并完成下面的操作。

(1) 设置网页在历史记录中保存 40 天。

(2) 关闭网页浏览中的声音、动画和图片的播放和显示。

(3) 设置 IE 浏览器中 Internet 的安全级别为高。

(4) 清除所有的临时文件和历史记录。

5.6 运行 IE 浏览器,并完成下面的操作。

(1) 浏览百度搜索网站的主页。

(2) 搜索包含姚明和休斯敦火箭队的网页,浏览其中有姚明照片的网页,并将姚明的照片打印出来。

5.7 按照下列要求,利用 Outlook 发送邮件。

(1) 新建邮件,应用任一种信纸,收件人是你自己的信箱,抄送给你的一个朋友,主题是"学习 Outlook",邮件内容是"我正在学习 Outlook,有问题会向你请教的! 你的朋友:小田"。

(2) 在网上任意选择一张图片作为附件一起发送过去。

5.8 按照下列要求完成操作。

(1) 利用 Outlook 接收并阅读一个已收到的邮件。

(2) 把该邮件转发给某个人。

5.9 请按照下列要求完成操作。

(1) 设置签名"让生命中的每一天都充满阳光。你的朋友:天天"。签名的名字为"天天"。

(2) 设置 Outlook 的选项,使发送邮件时采用纯文本格式。

(3) 在 Outlook 中设置"每 20 分钟检查一次新邮件"。

(4) 设置 Outlook 在发送电子邮件时不在"已发送邮件"文件夹中保存已发送邮件的副本。

(5) 在 Outlook 的通讯簿中建立一个名为"同事"的组。

5.10 按照要求完成下面的操作。

(1) 一次性清除"已删除邮件"文件夹中的所有文件。

(2) 使用 Outlook 程序离线写信,主题是 test,发送地址为 lyy@hotmail.com,并将此信抄送给 lww@hotmail.com,最后将该信保存在发件箱中。

2. 操作提示

5.1 操作步骤如下。

在"控制面板"中,选择"网络和 Internet",在弹出的窗口中选择"网络和共享中心",然后在此窗口下选择左侧列表中的"更改适配器设置"命令,将弹出"网络连接"窗口。双击"本地连接"图标,在弹出的"本地连接属性"对话框中,选择"网络"选项卡,然后选择"此连接使用下列项目"列表框中的"Internet 协议版本 4(TCP/IPv4)"选项,单击"属性"按钮,在弹出的"Internet 协议 4(TCP/IPv4)属性"对话框中,选择"使用下面的 IP 地址"单选按钮,然后根据题目给定的参数输入即可。

5.2 操作步骤如下。

(1) 选择"开始"菜单→"Windows 系统"→"命令提示符"。在"命令提示符"窗口中,输入命令 ipconfig/all 并按回车键,从显示的结果中查看计算机的 IP 地址和 MAC 地址。

(2) 选择"开始"菜单→"Windows 系统"→"命令提示符"。在"命令提示符"窗口中,输入命令"ping 本机 IP 地址"(本题中是 ping 192.168.10.100)。如果显示如下相似内容:Reply from 192.168.10.100:bytes=32 time<1ms TTL=128,则说明网卡工作正常。在"命令提示符"窗口中输入命令"ping 网关 IP 地址"(在本题中是 ping 192.168.10.1),如果显示与"ping 本机 IP 地址"相似的内容,则说明网络连接状况良好,否则说明网络连接或配置有问题。

5.3 操作步骤如下。

(1) 运行 IE 浏览器,单击浏览器窗口中的"工具"菜单,选择"Internet 选项"命令,在打开的"Internet 选项"对话框中,选择"常规"选项卡,在其中"主页"栏的文本框中输入上海交通大学的主页域名地址 http://www.sjtu.edu.cn/,单击"应用"和"确定"按钮完成设置。

(2) 单击浏览器"地址栏"右边的"主页"按钮,打开上海交通大学的网站首页,然后单击导航栏中的链接"综合信息",打开"综合信息"网页。选择菜单中的"文件"→"另存为"命令,在打开的"保存网页"对话框中选择目录 D:\test\,在"文件名"文本框中输入文件名"综合信息",在"保存类型"下拉列表中选择"文本文件(*.txt)",然后单击"保存"按钮完成文件保存。

5.4 操作步骤如下。

(1) 单击浏览器工具栏上的"主页"按钮,打开上海交通大学的网站首页,鼠标移到网页中的"概况"二字上,在显示的级联菜单中选择"学校简介",浏览器将显示"学校简介"网页。

(2) 单击菜单栏中的"收藏夹"按钮,在弹出的列表中选择"整理收藏夹"命令,在打开的"整理收藏夹"对话框中,单击"新建文件夹"按钮,为文件夹输入名字"大学",单击"关闭"按钮。回到打开的"学校简介"网页,单击菜单栏中的"收藏夹"按钮,在弹出的列表中选择"添加到收藏夹"命令,在弹出的"添加收藏"对话框中,在"创建位置"展开的列表中选择"大学"文件夹,单击"添加"按钮,完成该网页地址的收藏。

(3) 在"上海交通大学"主页中,将鼠标指向页面左上端的图片"上海交通大学",并右击,在弹出的快捷菜单中选择"图片另存为"命令,在"保存图片"对话框中选择目录 D:\test\,输入文件名"上海交通大学校名图片",选择保存类型为"位图(*.bmp)",单击"保存"按钮即可。

5.5 操作步骤如下。

(1) 打开 IE 浏览器窗口,单击"工具"菜单,选择"Internet 选项"命令,在"Internet 选项"对话框中选择"常规"选项卡,单击"浏览历史记录"栏中的"设置"按钮。在弹出的"网站数据设置"对话框中,选择"历史记录"选项卡,将"网页保存在历史记录中的天数"的数值设为 40,单击"确定"按钮。

（2）打开 IE 浏览器窗口,选择"工具"菜单,选择"Internet 选项"命令,在弹出的"Internet 选项"对话框中选择"高级"选项卡,在"设置"列表框中,找到"多媒体"选项,取消选中"在网页中播放声音""在网页中播放动画"和"显示图片"3 个复选框。单击"应用"和"确定"按钮完成设置。

（3）在"Internet 选项"对话框中选择"安全"选项卡,在区域选择框中选择 Internet 区域,在"该区域的安全级别"栏中,单击"自定义级别"按钮,在打开的"安全设置-Internet 区域"中"重置自定义设置"栏的"重置为"下拉列表里选择"高",单击"确定"按钮回到"Internet 选项"对话框,单击"确定"按钮完成设置。

（4）在"Internet 选项"对话框中选择"常规"选项卡,单击"浏览历史记录"栏中的"删除"按钮,在弹出的"删除浏览历史记录"对话框中,选中"临时 Internet 文件和网站文件"和"下载历史记录"复选框,单击"删除"按钮将其清除。或者选择"工具"菜单下的"删除浏览历史记录"命令,也会打开"删除浏览历史记录"对话框。

5.6　操作步骤如下。

（1）打开 IE 浏览器窗口,在浏览器地址栏的文本框中输入 http：//www. baidu. com/,然后按回车键。

（2）在百度搜索网站主页的搜索文本框中输入"姚明 休斯敦火箭队"（在姚明和休斯敦火箭队之间加空格）,然后按回车键。单击搜索结果中的一个,在打开的网页中用鼠标指向姚明的照片,并右击,在弹出的快捷菜单中选择"打印图片"命令,然后在"打印"对话框中,选择正确的打印机,单击"打印"按钮。

5.7　操作步骤如下。

（1）运行 Outlook,选择"文件"选项卡,单击"选项"按钮,在弹出的"Outlook 选项"窗口中选择左侧列表中的"邮件"选项卡,在右侧"撰写邮件"栏中选择"信纸和字体"按钮,在弹出的"签名和信纸"对话框的"个人信纸"选项卡中单击"主题"按钮,在弹出的"主题和信纸"对话框中选择一种信纸,单击"确定"按钮。

（2）在 Outlook 窗口中,选择"开始"选项卡,在"新建"功能区中单击"新建电子邮件"按钮,在"邮件"窗口中的"收件人"框中输入邮件地址;在"抄送"文本编辑框中输入朋友的电子邮件地址;在"主题"文本框中输入该邮件的主题"学习 Outlook";在下面的邮件内容编辑区中输入邮件内容"我正在学习 Outlook,有问题会向你请教的! 你的朋友：小田"。

（3）在"邮件"窗口中,单击"插入"选项卡,单击"添加"功能区中的"附加文件"按钮,在弹出的"插入文件"对话框中,选择之前在网上下载、保存的图片,然后单击"插入"按钮。然后单击"发送"按钮,将邮件发送出去。

5.8　操作步骤如下。

（1）在 Outlook 窗口中,单击"开始"选项卡,然后在"发送和接收"功能区中,选择"发送/接收所有文件夹"选项。如果收到新的邮件,则 Outlook 直接在主邮件列表中显示"收件箱"中的全部邮件,单击其中粗体字体显示的邮件（表示还没有阅读过的邮件）,信件的具体内容会显示在旁边的阅读窗格中,或者双击邮件,在新弹出的窗口中显示信件内容。

（2）双击要转发或者回复的信件，在打开的新窗口中单击"邮件"选项卡，在"响应"功能区中单击"转发"按钮，在打开窗口的收件人文本框中输入收件人的电子邮件地址，单击"发送"按钮完成转发邮件。

5.9　操作步骤如下。

（1）运行 Outlook，选择"文件"选项卡，单击"选项"按钮，在弹出的"Outlook 选项"窗口中选择左侧列表中的"邮件"选项卡，在右侧的"撰写邮件"栏中选择"签名"按钮，在弹出的"签名和信纸"对话框的"电子邮件签名"选项卡中，单击"新建"按钮，在弹出的对话框中输入签名名称"天天"，单击"确定"按钮，然后在"编辑签名"框中输入文字"让生命中的每一天都充满阳光。你的朋友：天天"。单击"保存"按钮，之后连续单击两次"确定"按钮回到 Outlook 程序窗口。

（2）在 Outlook 程序的新建或答复邮件窗口中，单击"设置文本格式"选项卡，单击"格式"功能区中的"Aa 纯文本"按钮命令。

（3）在 Outlook 程序窗口中，单击"发送/接收"选项卡，选择"发送和接收"功能区中的"发送/接收组"下拉按钮，在展开的列表中选择"定义发送/接收组"命令。在打开的"发送和接收组"对话框中，选中"组'所有账户'的设置"栏中的"安排自动发送/接收的时间间隔为"复选框，并将框中的数字设为 20，单击"关闭"按钮完成设置。

（4）运行 Outlook，在 Outlook 程序窗口中，选择"文件"选项卡，单击"选项"按钮，在弹出的"Outlook 选项"窗口中选择左侧列表中的"邮件"选项卡，在"保存邮件"栏中取消选中"在'已发送邮件'文件夹中保留邮件副本"复选框，单击"确定"按钮完成设置。

（5）在 Outlook 程序窗口中，单击"开始"选项卡，在"新建"功能区中单击"新建项目"按钮。在展开的菜单列表中选择"其他项目"→"联系人组"命令；或者在导航窗格中单击"联系人"按钮，在联系人视图中，在"开始"选项卡的"新建"功能区中单击"新建联系人组"按钮，在弹出的"新建联系人组"窗口中输入组名"同事"。单击"保存并关闭"按钮完成设置。

5.10　操作步骤如下。

（1）右击"已删除邮件"文件夹，在弹出的快捷菜单中选择"清空文件夹"命令。或者选择"已删除邮件"文件夹，单击"文件夹"选项卡，选择"清理"功能区中的"清空文件夹"命令。

（2）选择"发送/接收"选项卡，单击"首选项"功能区中的"脱机工作"按钮，实现 Outlook 脱机工作。选择"开始"选项卡，单击"新建"功能区中的"新建电子邮件"按钮，在弹出的"邮件"窗口中，输入"收件人"为 lyy@hotmail.com，输入"抄送"为 lww@hotmail.com，输入主题内容 test，单击"发送"按钮，则邮件自动保存在"发件箱"文件夹中。

第6章

计算机多媒体技术

6.1　Windows 10 基本应用工具的使用

【实验目的】

- 掌握 Windows10 录音机的使用。
- 掌握 Windows10 媒体播放器的使用。
- 掌握 Windows10 画图工具的使用。
- 掌握压缩工具 WinRAR 的使用。

【实验内容及案例】

1. Windows 10 录音机的使用

1）实验内容

声音文件的录制。使用 Windows 10 录音机录制 1 分钟声音，将这段声音保存到"多媒体素材"文件夹下，以 test1.m4a 命名。

2）操作步骤

（1）将话筒的插头插入主机声卡的 MIC 插孔中。

（2）单击"开始"按钮，选择所有程序列表里的"录音机"命令。

（3）单击"录制"按钮开始录音；录音 1 分钟后，单击"停止录制"按钮结束录音。

（4）结束录音后，会自动保存，在"录音机"窗口左边，单击录音结果，右击选择"重命名"命令可以进行"重命名"操作，也可以"打开文件位置"查找录音保存的路径并重命名为test1.m4a，如图 6-1 所示。

（5）右击选择"复制"命令，并将该文件"粘贴"到"多媒体素材"文件夹下。

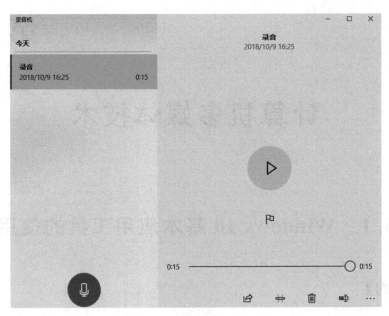

图 6-1 "录音机"窗口

2. Windows 10 媒体播放器的使用

1) 实验内容

(1) 将硬盘上已有的音频和视频文件添加到媒体库。

将 C：\下已经存在的音频和视频文件添加到 Windows Media Player 的媒体库中。

(2) 单个文件播放。

① 播放媒体库中的文件。

② 播放磁盘上的文件。

(3) 新建播放列表，并播放列表文件。

① 在"播放列表"下新建一个 Mylist 播放列表，从媒体库中分别选择两个音频文件和一个视频文件添加到 Mylist 中。

② 连续播放 Mylist 播放列表中的所有文件。

2) 操作步骤

(1) 将硬盘上已有的音频和视频文件添加到媒体库。

① 单击"开始"按钮，选择所有程序列表里的 Windows Media Player 命令，打开 Windows Media Player 窗口。

② 将音频文件放入"此电脑"→"音乐"文件夹下，将视频文件放入"此电脑"→"视频"文件夹下，然后在 Windows Media Player 窗口左侧的导航窗格中依次单击"音乐"和"视频"栏目，可以看到放入的音频文件和视频文件。

（2）单个文件播放，操作如下。

① 播放媒体库中的文件：在"媒体库"中选中要播放的文件，双击该文件进行播放；或右击该文件，在弹出的快捷菜单中选择"播放"命令进行播放，单击"停止"按钮结束播放。

② 播放磁盘上的文件：选择"文件"菜单下的"打开"命令，在"打开"对话框中选择要播放的文件所在的位置和文件名，然后单击"打开"按钮即可播放。

（3）新建播放列表，并播放列表文件，操作如下。

① 在 Windows Media Player 窗口左侧的导航窗格中选择"播放列表"，在工具栏单击"创建播放列表"按钮，在导航窗格的"播放列表"下方出现文本框，输入 Mylist，按回车键确定，则在右侧的窗格中显示添加了 Mylist 列表名称。

② 在左侧导航窗格单击"音乐"，在中间窗格的文件列表中选定两个音乐文件，将它们拖放到如图 6-2 所示的左侧窗格的 Mylist 播放列表上。

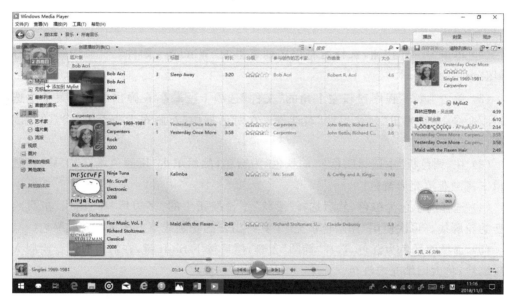

图 6-2　在"媒体播放器"中新建播放列表

③ 在左侧导航窗格单击"视频"，在中间窗格的文件列表中选定一个视频文件，将它拖放到左侧窗格的 Mylist 播放列表下。

④ 双击左侧导航窗格中的播放列表名称 Mylist，即可开始连续顺序播放列表中的所有文件，也可以在窗口右上角的"播放"选项卡中单击右侧的"列表选项"下拉按钮设置播放顺序。

3．Windows 10 画图工具的使用

1）实验内容

用 Windows10 画图软件绘制一幅如图 6-3 所示的"日出"图；将该图命名为 test3.jpg，保存在"多媒体素材"文件夹中。

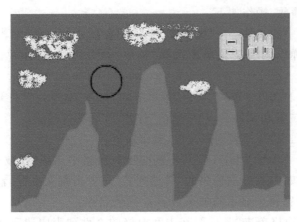

图 6-3　日出图

2）操作步骤

（1）单击"开始"按钮,选择所有程序列表里的"Windows 附件"→"画图"命令,打开"画图"窗口。

（2）单击"画图"程序窗口左上角的"文件"选项卡 ▦▾ ,在弹出的下拉菜单中选择"属性"命令,系统弹出"映像属性"对话框。在对话框中,对画布大小设置适当的宽度和高度。

（3）在"调色板"中选择颜色 1（前景色）为蓝色,然后单击"用颜色填充"工具,在画布上单击将画布填充成蓝色。

（4）选择前景色为绿色,然后选择"形状"下拉按钮中的"多边形"和"曲线"工具绘制山峦的轮廓线。再次使用"用颜色填充"工具将山峦的轮廓线下方区域填充成绿色。

（5）选择前景色为红色,选择"椭圆"工具,然后按下 Shift 键,在适当的位置绘制太阳的轮廓线;将太阳填充成红色。

（6）选择前景色为白色,选择"刷子"下拉按钮中的"喷枪"工具,在适当的位置绘制白云。

（7）选择"文本"工具,在画布右上角拖出一个矩形框;选择"华文彩云"字体和适当的字号 36,输入"日出"二字;选择前景色为黄色,用"用颜色填充"工具将"日出"二字填充成黄色。

（8）操作完毕,将此幅画以 test3.jpg 为名保存到"多媒体素材"文件夹中。

4. WinRAR 压缩工具的使用

1）实验内容

使用 WinRAR 软件对"多媒体素材"文件夹中的所有文件进行压缩,要求生成带有密码的自解压文件,压缩后的自解压文件名为"多媒体资料.exe",然后将该文件释放到 D 盘根目录下。

2）操作步骤

（1）在"多媒体素材"文件夹上右击鼠标，在弹出的快捷菜单中选择"添加到压缩文件"命令，打开"压缩文件名和参数"对话框。

（2）在"常规"选项卡中，将"压缩文件名"文本框中的内容改为"多媒体资料"；在"压缩选项"中，选中"创建自解压格式压缩文件"复选框，如图 6-4 所示。

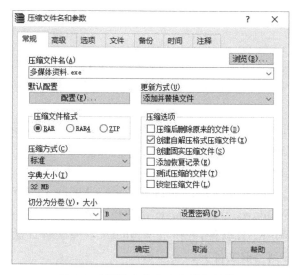

图 6-4　"压缩文件名和参数"对话框

（3）单击"设置密码"按钮，在弹出的"输入密码"对话框中输入两次密码，然后单击"确定"按钮。

（4）再次单击"确定"按钮，即开始执行压缩操作。压缩完毕，在工作目录中生成一个"多媒体资料.exe"压缩文件。

（5）双击"多媒体资料.exe"压缩文件，打开如图 6-5 所示的"WinRAR 自解压文件"

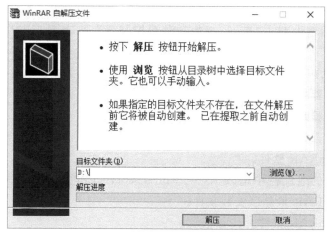

图 6-5　"WinRAR 自解压文件"对话框

对话框。单击"浏览"按钮,将目标文件夹保存到"D：\",然后单击"解压"按钮。

（6）在弹出的"输入密码"对话框中输入密码,单击"确定"按钮开始执行解压缩操作。

（7）查看 D 盘根目录下的内容,可以看到已经还原的"多媒体素材"文件夹。

6.2 综 合 练 习

1. 操作题要求

6.1 使用录音机程序录制一首古诗"床前明月光,疑是地上霜,举头望明月,低头思故乡。"将录制的内容命名为"古诗一首.m4a",保存到"D：\多媒体素材"文件夹中,并用媒体播放器播放出来。

6.2 查看计算机上是否安装有声卡。若有,请将声卡的型号写入一个文本文件中。

6.3 用"画图"程序绘制一幅图画,画面主题和内容自己拟定。将图画命名为"图画.jpg",并保存到"D：\多媒体素材"文件夹中。

6.4 将硬盘上已有的视频文件添加到 Windows Media Player 媒体库中,并建立一个播放列表,然后用 Windows Media Player 播放该列表中的文件。

6.5 练习安装 WinRAR 软件,并使用 WinRAR 软件压缩 D 盘根目录下的任意一个用户文件夹,再解压缩到当前文件夹。

6.6 分别用 WinRAR 压缩工具软件创建分卷压缩文件、自解压格式压缩文件和加密压缩文件。

2. 操作提示

6.1 操作步骤略。

6.2 操作步骤如下。

（1）右击"此电脑"图标,在弹出的快捷菜单中选择"属性"命令,在左侧窗格中单击"设备管理器",系统弹出"设备管理器"对话框。

（2）在该对话框中双击"声音、视频和游戏控制器"项,查看声卡型号（如 Bluetooth Audio）。

（3）将看到的声卡型号记录到一个文本文件中,保存该文件。

6.3 操作步骤略。

6.4 操作步骤略。

6.5 操作步骤如下。

（1）下载 WinRAR 软件。

在 IE 浏览器的地址栏中输入 www. winrar. com. cn,进入 WinRAR 简体中文版主页,免费下载 WinRAR 最新版安装软件。

（2）安装 WinRAR 软件。

双击下载后的 WinRAR 安装程序,自行选择安装路径,按照安装向导的提示完成安装工作。

（3）压缩文件。

在要压缩的文件夹（以用户文件夹"自然风光"为例）上右击鼠标，在弹出的快捷菜单中选择"添加到'自然风光.rar'"菜单命令，则在当前文件夹中生成与被压缩文件夹同名的压缩文件（如"自然风光.rar"）。

也可选择将要压缩的文件夹"自然风光"，右击鼠标，在弹出的快捷菜单中选择"添加到压缩文件（A）"，在弹出的"压缩文件名和参数"对话框中采用默认设置（即压缩格式选择RAR，压缩方式选择"标准"），单击"确定"按钮，即可在当前文件夹下生成同名压缩文件。

（4）解压缩文件。

双击要解压的压缩文件（如"自然风光.rar"），出现如图 6-6 所示的 WinRAR 解压缩窗口，单击工具栏上的"解压到"按钮，弹出如图 6-7 所示的"解压路径和选项"窗口。单击"目标路径"右侧的"显示"按钮，就可以在右窗格的树状目录结构中选择存放解压缩文件的目标文件夹。本题仅要求解压缩到当前文件夹下，因此直接单击"确定"按钮即可。

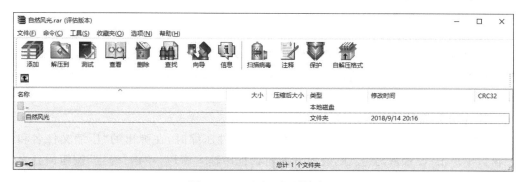

图 6-6　WinRAR 解压缩窗口

图 6-7　"解压路径和选项"窗口

此外,还可以查看压缩包中的文件,就像对文件夹进行操作一样,不过这并不是真正的解压缩,如果想将其中的某些文件解压到某个文件夹时,只需选择这些文件,然后单击工具栏上的"解压缩"按钮,再选择文件夹路径,或者用鼠标直接将待解压的文件拖放到目标文件夹中。

也可以在压缩文件上右击,在弹出的快捷菜单中选择"解压到当前文件夹"或"解压到自然风光\"。

6.6 操作步骤如下。

(1) 创建分卷压缩文件。

选择要压缩的文件夹(如"自然风光"),右击鼠标,在弹出的快捷菜单中选择"添加到压缩文件",打开如图6-4所示的"压缩文件名和参数"窗口,压缩格式选择RAR,压缩方式选择"标准",在"切分为分卷、大小"下拉列表框中,选择5MB,也可以输入自己设定的数值。单击"确定"按钮,则开始进行分卷压缩,生成的第一个文件名为"自然风光.part1.rar",第二个文档扩展名为"自然风光.part2.rar",以此类推。在解压第一个文件的时候,系统自动将其余压缩文件复制到同一个文件夹中。

(2) 创建自解压文件。

使用快捷菜单中的"添加到压缩文件"进行文件压缩时,在如图6-4所示窗口的"常规"选项卡中,选中"创建自解压格式压缩文件"复选框,此时,压缩文件的扩展名由.rar变成了.exe,单击"确定"按钮即可生成自解压文件。

(3) 创建加密压缩文件。

使用快捷菜单中的"添加到压缩文件"进行文件压缩时,在弹出的"压缩文件名和参数"窗口中单击"设置密码"按钮,在打开的对话框中输入密码,单击"确定"按钮回到之前的窗口单击"确定"按钮,即可生成加密压缩文件。